深入浅出物联网技术丛书

物联网追溯系统及数据处理

曹振丽　著

Publishing House of Electronics Industry

北京 · BEIJING

内 容 简 介

数据流处理技术是目前的研究热点，掌握数据流处理技术有助于更好地利用大数据，挖掘出数据背后潜在的价值。

本书围绕物联网追溯系统的研发及数据流处理过程中的聚类、追溯、预测与建模关键技术进行了研究。全书共 6 章。第 1 章是绪论，主要介绍物联网的概念、中国农业物联网产业化发展现状，以及国内外大数据的研究现状和热点。第 2～5 章，主要介绍数据流聚类算法、数据流追溯方法、数据流预测方法、数据流建模方法。第 6 章，介绍了物联网追溯系统的研发和软硬件环境配置，并对本书的主要内容进行梳理和总结。

未经许可，不得以任何方式复制或抄袭本书之部分或全部内容。

版权所有，侵权必究。

图书在版编目（CIP）数据

物联网追溯系统及数据处理 / 曹振丽著. —北京：电子工业出版社，2019.5
（深入浅出物联网技术丛书）

ISBN 978-7-121-36127-2

Ⅰ. ①物… Ⅱ. ①曹… Ⅲ. ①互联网络—应用—研究②智能技术—应用—研究③数据处理—研究
Ⅳ. ①TP393.4②TP18③TP274

中国版本图书馆 CIP 数据核字（2019）第 043867 号

策划编辑：刘志红
责任编辑：刘志红　　　特约编辑：李　姣
印　　刷：北京虎彩文化传播有限公司
装　　订：北京虎彩文化传播有限公司
出版发行：电子工业出版社
　　　　　北京市海淀区万寿路 173 信箱　邮编　100036
开　　本：787×980　1/16　印张：11.75　字数：149 千字
版　　次：2019 年 5 月第 1 版
印　　次：2022 年 6 月第 5 次印刷
定　　价：69.00 元

凡所购买电子工业出版社图书有缺损问题，请向购买书店调换。若书店售缺，请与本社发行部联系，联系及邮购电话：（010）88254888，88258888。

质量投诉请发邮件至 zlts@phei.com.cn，盗版侵权举报请发邮件至 dbqq@phei.com.cn。

本书咨询联系方式：（010）88254799，lzhmails@phei.com.cn。

前　言

随着物联网、互联网、云计算等技术的飞速发展，在各个领域出现了大规模的数据增长，信息社会已经进入了大数据时代。大数据主要有数据流和静态数据两种形式，智慧农业中各种传感器产生的数据流是农业大数据的主要来源。农业领域中的数据流来源众多，形式多样，处理复杂，很难有一种计算模式能涵盖不同的计算需求，因此，如何根据数据流的不同数据特征和计算特征，从多样性的计算问题和实际需求中提炼并建立高层抽象模型，是目前数据流研究亟待解决的问题。

本书围绕物联网追溯系统的研发及数据流处理过程中的聚类、追溯、预测与建模关键技术进行了研究，取得了一些成果，主要内容如下。

第 1 章，主要介绍了物联网的概念，以及中国农业物联网产业化发展现状，并阐述了国内外大数据的研究现状和热点。

第 2 章，主要介绍了基于高斯混合模型的数据流聚类算法 Cumicro。使用高斯混合模型作为数据流中不确定数据的基本表示形式，更好地利用存储空间，完成对真实情况的逼近。该算法将时间直接作为数据属性，可直接查询某个时间维度的聚簇。实验证明，该算法在原始数据较密集时，与原有基于离散模型的聚类相比，该算法具有准确度上的优势。

第 3 章，主要介绍了基于不确定数据的数据流追溯方法，将不确定数据引入追溯系统中，搭建追溯模型，解决了数据流背景下无法对可追溯单元一一标识的混合过程进行表示的问题。利用不确定数据的基本表示和查询方法，解决了多源追溯问题，完成了数据流追溯模型中的一般查询、节点评价和单节点异常推断功能，并给出了多节点异常的求解方法。

第 4 章，主要介绍了基于时间粒度的自适应调整灰色二阶模型的数据流预测方法，通过实验得出以下结论：随着滑动窗口更新周期的增大，预测的成功率反而下降；随着采样频率的变大，预测成功率降低；随着未来数据窗口宽度的增加，预测的平均相对误差增大。但该方法对近期的数据预测比较准确，满足了系统的需求。

第 5 章，主要介绍了一个面向养殖环境的猪舍数据流采集与预测为一体的自动化控制系统，提出了在数据流背景下切换到数据视角，以数据为中心来开展业务研究，将时间和空间的事件信息以数据驱动为中心，明确地抽象到编程模型中，进行形式化的描述及一体化建模，打破了传统的建模方法仅局限于时间域内分析的局限性，考虑了计算过程和物理过程通过网络实时交互对系统行为所带来的影响。

第 6 章，主要介绍了物联网追溯系统的研发和软硬件配置环境，对本书的主要内容进行梳理和总结。

在本书撰写的过程中，中国农业大学孙瑞志教授给予了指导性意见，尹宝全博士、李劭博士、聂娟博士、邓雪峰博士、王雷雨硕士都给予了大量的支持和帮助，提出了很多宝贵意见，在此表示感谢。

由于作者水平有限，不当之处在所难免，恳请广大读者批评指正。

作　者

2018 年 10 月

目 录

第1章 绪 论

1.1 物联网概述

物联网（Internet of Things，IoT）的概念最早是在 1999 年由麻省理工学院的 ASHTON 教授提出的。2003 年，SUN 公司介绍了物联网的基本工作流程，并提出解决方案。2008 年 11 月，IBM 提出"智慧地球"的发展战略，受到美国政府的高度重视，并得到奥巴马的积极回应。2009 年，物联网成为继计算机、互联网、移动通信之后新一轮信息产业浪潮的核心领域。物联网是在互联网、移动通信网等通信网络的基础上，通过智能传感器、射频识别（RFID）、红外感应器、全球定位系统（GPS）、激光扫描器、遥感等信息传感设备及系统，按照约定的协议，针对不同应用领域的需求，将所有能独立寻址的物理对象互连起来，实现全面感知、可靠传输及智能处理，构建人与物、物与物互连的智能信息服务系统。

物联网被称之为继计算机、互联网之后，世界信息产业的第三次革命浪潮。所谓物联网，是一个基于互联网、传统电信和传感网等信息承载体，让所有普通物理对象能够通过信息传感设备与互联网连接起来，进行计算、处理和知识挖掘，实现智能化识别、控制、管理和决策的智能化网络。物联网技术的快速发展，促进了农业物联网的迅速崛起。农业物联网是物联网技术在农业领域的应用，是通过应用各类传感器设备和感知技术，采集农业生产、农产品流通及农作物本体的相关信息，通过无线传感器网络、移动通信无线网和互联网进行信息传输，将获取的海量农业信息进行数据清洗、加工、融合、处理，最后通过智能化操作终端，实现农业产前、产中、产后的过程监控、科学决策和实时服务。农业物联网在农业生产过程中的各类应用对于推动信息化与农业现代化的融合、推动精细农业应用与实践等具有至关重要的作用。农业物联网技术应用有利于农业生产力的提高和农业生产经营模式的转型升级，是新一代信息技术渗透进入农业领域的必然结果。

1.2 中国农业物联网产业化发展现状

随着农业信息技术的推广，特别是物联网技术的广泛应用，中国作为一个传统农业大国，在物联网技术大潮下，传统的农业生产逐步实现了从"面朝黄土"到"智能化管理"的转变。目前，农业物联网技术应用已覆盖水产养殖、畜禽饲养、设施园艺、大田作物等多个产业。猪舍的温湿度是多少、氨气浓度是否超标……对这些环境信息，在当今时代，人们可以足不出户，通过计算机和手机，就可以对猪舍的信息了解得一清二楚。

在食品安全方面，可以通过销售条形码制，为农产品销售建立可追溯制度，实现从田间到餐桌的产业链精细化管理、全程透明跟踪。消费者不仅可以查询所购买产品的生产记录、运输记录、销售记录等信息，甚至可以精确到农产品生产的地理位置，真正从源头上保证了农产品质量安全，让人民吃上放心的产品。充分利用物联网、移动互联网及云平台技术，建立数据传输和格式转换方法，实现农业信息的多尺度可靠传输；最后将获取的海量农业信息进行融合、处理，并通过智能化操作终端实现农业的自动化生产、最优化控制、智能化管理、系统化物流、电子化交易，进而实现农业集约、高产、优质、高效、生态和安全的目标。

在畜禽养殖方面，物联网的应用不仅能有效优化养殖管理模式，而且可以提高动物年产奶量和产奶质量，提高整个养殖场的产肉量，精确模拟畜禽的生长环境，为养殖产业的持续发展注入新的活力。传统的粗放式养殖正在被基于物联网的精细化饲养方式逐步取代，该技术主要用于生产环境监测、畜禽的生理监测、精细饲喂、溯源信息采集等方面。养殖人员根据畜禽不同生长阶段的生理特征，采用不同的饲料配方，降低了饲养成本，有益于畜禽的健康成长，提高了养殖场的经济效益。在养殖场的管理方面，现代化技术手段贯穿于畜牧养殖的管理和经营各个过程，信息技术应用于养殖的各个环节，网络使得人们能通过计算机、手机等科技产品，不受时间和地域的限制，随时获取养殖场的相关信息，为养殖场的科学管理提供数据和决策支持，提升了畜牧养殖管理方式。

在设施农业方面，以往只是埋头苦干，没有技术指导的农民，现在转型为有知识、有文化的现代化种植技术人员，借助物联网技术，彻底改变了过去的以人力为中心，依赖机械、看天吃饭的生产模式，转而以软件和信息技术为核心的生产模式。通过在实施对象周边安放多种传感器和监测控制设备，如光照、温湿度、二氧化碳浓度、土壤 pH 值、土壤离子浓度等传感器，来调控作物生长的环境参数，使其达到最佳，从而实现高产和增产。依靠云平台实现自动整理、分析、存储数据，远程进行作物生长环境信息的智能优化、综合调控，关键数据在监控端实时可视化显示，最终实现精确感知、精准操作、精细管理，提高生产效率。

在水产养殖业方面，通过物联网技术实现对水产品环境监测、水产品精细投喂智能决策、自动化投饲、水产品疾病诊治等全过程监控和智能化管理。通过部署溶解氧、pH、水位、水温、光照传感器和智能球等传感器设备，将实时采集的环境变量值通过网络进行传输，实现水产养殖的全过程信息化管理。用户可以登录计算机或手机，查看养殖池塘的信息，自行设置环境阈值，可实现达到或超过阈值时自动向手机发送预警短信提醒的生产报警功能；当溶解氧达到阈值下限时，可实现自动打开增氧机生产设备的智能调控功能，人工智能终端开关增氧机、投料机生产设备的远程控制功能；远程调整无线智能球的角度，通过视频图像，实时查看养殖池塘、生产设备等状况和周边环境情况，使水产品在标准化的养殖环境下生长，最终达到提高水产品质量、降低养殖风险的目的。

在农业电子商务方面，物联网技术的普及推广大大推动了农业电子商务的迅猛发展。集网上商城、销售系统、仓库管理系统、运输管理系统于一体的电子商务平台可将传统的农业贸易模式转变为现代信息流模式，使农产品流转环节清晰透明，降低和节约物流成本和农产品交易成本，拓宽农产品销售渠道，增加农户的收入，促进农村经济发展。基于物联网的农业电子商务，实现信息数字化、生产自动化、管理智能化、高效、高产、绿色生态的现代农业商品体系，实现了产、学、研的高效结合。

1.3 物联网大数据

随着物联网、云计算、互联网、社交媒体等技术的飞速发展，在智慧农业、精准农业、医疗、传感器、用户数据、互联网和金融公司交易等遍布全球的各个领域都出现了大规模的数据增长，我们每天都处在数据的环境中，大量数据实时地影响我们的工作、生活乃至社会发展。大数据是继高性能计算机、互联网、网格计算、云计算之后的又一被大众所关注的技术术语。全球知名咨询公司麦肯锡提出大数据时代已经到来，称："数据已经无孔不入地渗透到各个行业和领域，成为重要的生产因素。对于海量数据的挖掘与运用，预示着新的生产率增长和消费者盈余浪潮的到来。"大数据的涌现，不仅影响人们的生活方式、工作方式、企业的运作模式，甚至还引起科学研究模式的根本性改变。据国际数据资讯（IDC）公司监测，全球数据量大约每两年翻一番，预计到 2020 年，全球将拥有 35ZB 的数据量。

大数据，是指无法在可承受的时间范围内用常规软件工具进行捕捉、管理和处理的数据集合。大数据技术，就是从各种类型的数据中快速获得有价值信息的技术。大数据领域已经涌现出了大量新技术，它们成为大数据采集、存储、处理和呈现的有力武器。大数据处理关键技术一般包括：大数据采集、大数据预处理、大数据存储及管理、大数据分析及挖掘、大数据展现和应用等。

大数据的采集是指利用多个数据库来接收发自客户端（Web、App 或者传感器形式等）的数据，通过这些数据进行简单的查询和处理工作。在大数据的采集过程中，其主要特点和挑战是并发数高，因为同时有可能会有成千上万的用户来访问和操作，比如火车票售票网站和淘宝网，它们并发的访问量在峰值时达到上百万，所以需要在采集端部署大量负载均衡的数据库来支撑。

虽然采集端本身会有很多数据库，但是如果要对这些海量数据进行有效的分析，还是应该将这些来自前端的数据导入到一个集中的大型分布式数据库，或者分布式存储集群中，并且可以在导入的基础上做一些简单的清洗和预处理工作。也有一些用户会在导入时使用来自 Twitter 的 Storm 对数据进行流式计算，来满足部分业务的实时计算需求。导入与预处理过程的特点和挑战主要是导入的数据量大，每秒钟的导入量经常会达到百兆，甚至千兆级别。

统计与分析主要利用分布式数据库，或者分布式计算集群来对存储于其内的海量数据进行分析和分类汇总等，以满足大多数常见的分析和需求。在这方面，一些实时性需求会用到 EMC 的 GreenPlum、Oracle 的 Exadata，以及基于 MySQL 的列式存储 Infobright 等，而一些批处理，或者基于半结构化数据的需求可以使用 Hadoop。该操作涉及的数据量大，其对系统资源，特别是 I/O 有极大的占用。

与前面统计和分析过程不同的是，数据挖掘一般没有什么预先设定好的主题，主要是在现有数据基础上进行基于各种算法的计算，从而起到预测的效果，实现一些高级别数据分析的需求。比较典型的算法有用于聚类的 k-means、用于统计学的支持向量机和用于分类的朴素贝叶斯分类器等，主要使用的工具有 Hadoop 的 Mahout 等。

大数据需要特殊的技术，以有效地处理数据。适用于大数据的技术，包括大规模并行处理（MPP）数据库、数据挖掘、分布式文件系统、分布式数据库、云计算平台、互联网和可扩展的存储系统。IBM 提出大数据具有 Volume（体量大）、Velocity（高速性）、Variety（多样性）、Value（价值密度低）、Veracity（真实性）的 5V 特点。数据体量巨大，各种传感器、互联网、物联网源源不断地产生大量的数据，大数据一般指的是 PB 以上的数据。大数据的高速性体现在要求处理速度快，数据处理遵循"1 秒定律"，实时分析而非批量式分析，对数据的分析处理立竿见影，而非事后见效，从各种类型的数据中快速获得高价值的信息。大数据类型多样，数据类型不仅有文本形式，还包括图片、视频、音频、传感器信息等类型的数据，非结构化、半结构化的数据超大规模增长，占到了数据量的 80%～90%，比结构化数据增长快 10～50 倍。据 IDC 的调查报告显示：企业中 80%的数据都是非结构化数据，这些数据每年都按指数增长 60%。但大数据的价值密度低，以视频为例，一小时的视频，在监控过程中，有用的数据仅仅只有一两秒。从大数据中挖掘有效的信息就好比沙里淘金，是从海量数据中挖掘稀疏且珍贵的信息，如何通过强大的机器算法更迅速地完成数据的价值"提纯"是目前大数据亟待解决的难题。真实性是大数据的核心思想之一，数据的真实性是基础，也是保障，数据的真实性和质量是获得真知和思路的重要因素，是制定成功决策坚实的基础，而准确源自于对全部数据的处理分析。

大数据分析普遍存在的方法理论如下。

（1）可视化分析。大数据分析的使用者从普通用户到大数据分析专家，他们对于大数据分析最基本的要求就是可视化分析，因为可视化分析能够直观地呈现大数据特点，同时非常容易被读者接受，就如同看图说话一样简单明了。

（2）数据挖掘算法。大数据分析的理论核心是数据挖掘算法，各种数据挖掘的算法基于不同的数据类型和格式才能更加科学地呈现出数据本身具备的特点，利用各种统计方法进行深入研究，挖掘出大数据背后潜在的价值。

（3）预测性分析。大数据分析最重要的应用领域之一就是预测性分析，通过对大数据分析挖掘，建立预测模型，对未来发展的态势进行预测。

（4）语义引擎。非结构化数据的多元化给数据分析带来新的挑战，需要人工智能从数据中主动地提取信息，系统分析，提炼数据。

（5）数据质量和数据管理。数据质量和数据管理与大数据分析密切相关，高质量的数据和有效的数据管理，无论是在学术研究还是在商业应用领域，是保证分析结果的真实性和价值性的前提。

物联网的迅速崛起及传感网的快速发展成为大数据的又一推动力，带有处理功能的传感器设备广泛地应用于社会的各个角落，通过这些设备来对整个社会的运转进行监控。智慧农业、精准农业、农业物联网、智能交通、智能医疗、智能家居等都有着无数的传感器，随时测量和传递着有关位置、温度、湿度、气压、降雨量、土壤养分含量、运动、震动乃至空气中化学物质的变化，产生了海量的数据信息，这些都是大数据的重要来源。大数据是数字化趋势下的必然产物，需要大规模数据处理机制。

大数据所隐含的巨大的经济、社会、科研价值，在各行各业都引起了高度重视。大数据由于其本身所隐含或附带的价值，被类比为新时代的黄金、石油，甚至被视为一种新的经济元素，该元素处于与资本、劳动力并列的地位。对大数据进行合理的分析和管理，必将推动企业的发展和科学的进步，也会为社会提供更多的利益和创新性成果。

大数据的战略意义不在于掌握庞大的数据信息，而在于对这些含有意义的数据进行专业化处理。数据爆炸导致的结果是可使用的数据激增，如何对数据进行更精准的处理、整合和分析，从大量数据中发现新价值、创造新价值，推动社会、科学、商业的发展是大数据的市场趋势。换句话说，如果把大数据比作一种产业，那么实现这种产业盈利的关键环节在于提高对数据的"加工能力"，通过"加工"，最终实现数据的"增值"。

从某种程度上说，大数据是关于数据分析的前沿技术。换句话说，大数据技术就是从种类繁多的数据中，快速获得有价值信息的一种能力。大数据的目的是把数据转化为知识（Big Data to Knowledge），探索数据的产生机制，进行预测和制定政策。在数据大爆炸的时代，我们要做的是把众多的数据去冗分类，实现由厚变薄，最终把数据去粗存精。大数据为人们带来了大机遇，同时也对有效管理和利用大数据提出了新的挑战，主要表现为数据体量巨大、数据类型多、模型复杂。大数据如此重要，以至于当前对大数据的获取、储存、搜索、共享、分析，乃至可视化呈现，都成为了重要的研究课题。

随着农业信息化的快速发展及国家对物联网在农业应用的重视，在农业领域出现了大量的农业大数据。农业大数据涉及耕地、育种、播种、植保、施肥、收获、储运乃至农产品加工、销售等各个环节。大量的遥感数据、生物试验数据、农业基因组数据是农业大数据的重要来源。

农业物联网技术的蓬勃发展使得农业大数据的来源更侧重于传感器数据。农业生产经营活动每天都会产生大量的农业大数据，实时监测农作物生长环境状况；安放的一系列湿度、光照、土壤营养成分、温度等传感器产生了大量数据流；农业物联网中传感器采集的监测畜禽生长的小气候状况、温度、湿度、光照、各种有害气体浓度等数据流，也是农业大数据的主要来源。

大数据的形式有静态数据和数据流（也称之为流数据）两类。数据流是实时、快速、连续、无限的以流的形式出现的数据集合。数据流（data stream）概念的使用最早源于通信领域，指的是将传输中的信息通过使用数字编码信号序列的形式来表示。数据流并非大数据时代的产物，数据流最早由 Henzinger 在 1998 年提出，Henzinger 将数据流定义为"数据流是数据的一个有序序列，该序列的读取只能按照事先规定好的顺序，且只能被读取一次"。

数据流包括广义数据流和狭义数据流两种存在方式。狭义数据流指的是那些数据量无限增长、数据变化更新较快的数据集合。狭义数据流的代表有传感器网络所产生的数据流、路由器处理的数据包等。数据流被源源不断地持续产生，而且这种数据流与时间紧密相关，因此有明显的时效性。广义数据流则是如金融交易数据、网络流量、科学观测数据等超大规模的数据集合。存取这种超大规模的数据集合中的所有数据是不可行的，只能进行线性扫描。

数据流的产生是细节数据与复杂分析这两个因素共同作用的结果。数据流是与时间序列紧密相关的一系列数据的集合，该数据除非特意保存，否则只能顺序读取一次，不具有再现性。数据流到达的次序和速度无法控制。理论上来讲，数据流的数据量是无限大的，其取值也可能是无限的，数据将持续到达，到达速度快，规模较大。因此，系统想要保存全部数据是不现实的。

在实际应用中，对某些超大型的静态数据集，为了降低算法的处理代价，要求处理算法只能进行一次线性扫描，这种情形下算法的输入也可看作一种数据流。人们对于静态数据采用批处理的方式，数据流则采用流处理的方式。流处理无须先存储，可以直接进行数据计算，对数据的实时性要求很严格，但对数据的精确度要求稍微宽松。在某些情形下，数据流的价值会随着时间的流逝而降低，譬如天气预报、精准农业的作物生长环境状况监测、智能农业中畜禽养殖舍内的环境状况，在这些情形下，时间就是效益，因此，这些情形下的数据流对实时性要求较高。在这些流处理中，数据延迟较短，实时性较强，数据的精确程度较低。

目前很多地方的农业生产大多依靠的是经验，缺乏相关数据量化支撑，导致农业生产经营活动发展缓慢。对这些农业中采集到的数据流进行预处理、集成、挖掘和分析，将会大大促进农业生产的发展。

对农业领域数据流研究的重要意义在于，通过对农业领域产生的数据流的研究，可对农作物病虫害、天气状况异常、畜禽舍环境异常状况等进行预测，从而及时防范，为政府决策、农民增收提供新方法、新思路。对农业领域产生的数据流研究，改变了传统的农业监测预警方式，可对灾害提前预警，有利于人们提前发现异常，对各种灾害防患于未然，减少损失，促进增产、增收。通过对农业领域产生的数据流进行挖掘，有利于相关部门及时发布预警信息，提高应急能力，规避风险，推动经济的发展和社会的进步，从某种程度上推动了农业信息化的发展。因此，研究数据流处理的关键技术势在必行。

1.3.1　大数据国内外研究热点

早在 2000 年，对于数据流进行的挖掘已经作为数据库领域及数据挖掘的顶级会议的热点研究方向，例如，数据管理国际会议 SIGMOD、超大型数据库 VLDB、知识发现与数据挖掘特殊兴趣组 SIGKDD、国际开放与远程教育协会 ICDE 等每年都有关于数据流挖掘的相关专题。数据的价值会随着时间的流逝而降低，在远小于数据流的整体规模的内存中实现对代表数据流的概要数据结构的维护是数据流挖掘的核心技术。人们在概要数据结构的基础上进行聚类、关联规则挖掘、分类等，将各类数据流挖掘算法用于实际应用，解决具体问题。

数据流的处理环节包括数据流的采集、数据流的预处理、数据流的集成、数据流的建模、数据流的存储等。数据流挖掘是指在数据流上通过采用相关知识，发现并提取出潜在有用信息的过程。现有数据流挖掘研究的内容有数据流概要结构、数据流模型、数据流挖掘算法、数据流挖掘关联系统等。目前数据流挖掘的研究成果被广泛应用于传感器网络、天气变化、电信数据、网络日志、股票交易等领域。

1. 数据流模型

目前，在数据流模型的研究领域中，人们根据不同的需要设计了不同的处理算法来满足实际需求。数据流模型可按照元素的选取时间、数据描述现象来进行划分。按照元素的选取时间，数据流模型主要包括快照模型、界标窗口模型、滑动窗口模型、衰减窗口模型。

快照模型是指数据流处理窗口的开始时间和结束时间均为固定值。界标窗口模型是指数据流处理窗口的开始时间为固定值，而结束时间为变化值。滑动窗口模型是指数据流处理窗口的开始时间和结束时间均为变化值。随着新数据的到达，滑动窗口不断向前滑动，窗口中存在插入和删除操作。衰减窗口模型是指数据流处理窗口的范围从初始时间到当前时间，其思想是认为数据流具有历史遗忘性，即随着时间的流逝，最先到达的数据元组的重要性较小，后到达的数据元组的重要性较高，体现在数据元组上是采用某种随时间衰减的函数，对离现在较近的数据元组赋予较大权重，对离现在较久远的数据元组赋予较小权重。由于数据不断到达，因此在衰减窗口中存在插入操作。

按照数据流中的数据元组所描述的现象可分为时序模型、现金登记模型、十字转门模型。时序模型是指数据流中的数据按照到达的时间进行更新，如股票数据流等产生的都是时序数据，该模型视数据流中的每个数据项为一个独立的对象，常常用于数据流的聚类与分类。现金登记模型是指数据流中的数据项递增，如手机号通话时长等，该模型常用于频繁模式挖掘。十字转门模型是指数据流中数据项可以递增，也可以递减，该模型适用于数据流的数据项同时存在的插入和删除情况。

2. 概要数据结构

对于扫描过的数据流无法在内存中全部保存这一情况，系统为避免磁盘存取的开销，采用在内存中维护一个概要数据结构。目前概要数据结构的主要方法包括哈希方法、直立方图方法、小波变化方法、随机抽样法等。

哈希方法通常采用定义一组哈希函数的方式，实现数据从一个范围映射到另一个范围。数据流应用中常用 FM 方法、Sketch 方法、Bloom Filter 方法来生成概要数据结构。

直立方图方法是常用的概要数据结构表示方法，可表达数据的分布状况。常用的直立方图有根据数值的范围将其分割成近似相等的部分，在高度上各个桶比较平均的等宽直方图；也有使得每个桶的变化的不一致性最小，较好地表达数据分布的V-优化直方图。

小波变化方法与傅里叶变化方法类似，将输入的信号变换成一系列的小波参数，使得几个参数拥有大部分的能量，是一种广泛应用的数字信号处理技术。小波变化的方法可被广泛应用于对高维数据的降维处理、估算任一元素的数值、所有元素之和等。

随机抽样法是通过从数据集中抽取能够代表数据流基本特征的小部分样本，然后根据抽取的样本，获得近似的查询结果。按照各元素抽取的概率不同，可分为偏倚抽样、均匀抽样。偏倚抽样是指各元素被抽取到样本的概率可能不同；均匀抽样是指各元素被抽取到样本的概率相同。

3. 频繁项挖掘

频繁项挖掘是数据流挖掘的一个重要研究内容，人们希望从数据流中挖掘出那些频率超过一定阈值的数据项。频繁项应用广泛，例如序列模式、关联规则、多维模式、相关性、最大模式等。由于频繁项挖掘是连接操作集合，传统静态频繁项挖掘算法，必须获取过去和将来的数据，但这些算法不能进行增量式更新，因此，传统的算法不适用于数据流中的频繁项挖掘。与静态数据集挖掘相比，数据流处理情况复杂，数据流中的频繁项不是静态的，而是随着时间的变化而变化的，非频繁项可能转换成频繁项，这就要求存储结构需要能够动态调整以适应数据流的变化。由于数据流的快速性、连续性及数据流随时间的变化而变化，处理不及时就会引起堵塞，对于频繁项的挖掘的关键问题是如何区别过时的数据项，以及新到达的数据流中有价值的数据项。目前已有一些关于数据流上的频繁项的挖掘算法，例如 Lossy Counting 算法、Sticky Sampling 算法等。

4. 多数据流挖掘

多数据流关联分析目前主要采用计算机多数据流的主分量、数据流之间的关联系数、多数据流聚类三种方法。

　　主分量计算是通过对多数据流组成的矩阵求解其特征根和特征向量，最后表示出数据流之间的关联。对 m 条数据流采用主成分分析的方法，将其转化为小于数据流数目的 n 个隐含变量来进行表示。

　　关联度计算是通过计算多数据流中每对数据流间的关联系数，找出具有较高关联的数据流对。对于那些数据流数目较多的情形，想通过线性计算的方式得到每对数据流之间的关联系数是不可能的。StatStream 系统采用滑动窗口模型，将数据流划分为基本窗口，保存窗口内的数据的离散傅里叶变换系数，对那些满足一定条件的数据流对计算关联系数，通过离散傅里叶变换，推导出傅里叶变换系数与数据流对之间的关联系数与距离的关系。该系统没有对存在滞后关联情况的数据流对做太多讨论，而 BRAID 方法采用界标模型，对滞后关联的情况进行了讨论。

　　多数据流聚类通过对多条数据流进行聚类分析，发现相似的数据流。

5. 数据流演化分析

　　数据流演化分析是指以文字或图片的形式，将数据流形成过程中，内部隐含的类模式的变化情况进行展示，并对相关结果进行分析的一个过程。数据流聚类中的数据流的演化分析是区别于静态数据聚类的特征之一，其分析的对象是经数据挖掘技术处理得到的中间结果。由于数据流是一系列的时间序列，随着时间的变化而相应地发生动态变化，对应的聚类模型也会实时变化，通过聚类使用户知道发生了事件，以便用户及时调整决策。通过对当前数据流变化情况的分析，实时准确地为用户决策提供科学依据。例如在畜禽养殖环境的监控中，新聚类的出现可能意味着环境异常，用户获取这一变化有利于及时采取相关措施，进行相应的调控。在网络监控数据流中，新聚类的出现有可能是因网络攻击的发生导致网络流量产生异常。因此，在算法设计时，充分考虑挖掘数据流内部隐含的模式在形成过程中的变化，并对其结果进行相应的分析至关重要。数据流的聚类演化分析主要包括创建新类、类内元素过期、旧类消失、数据变化从而引起类的属性与位置变化等类的漂移。

6. 高维数据流聚类

目前大多数的聚类算法主要是针对低维属性设计的，一旦属性的维度超过十，甚至达到上百或是上千时，传统的算法不能进行有效处理。这是因为属性维度增加时，通常仅有几个维度是与某一类相关的，那些不相关的维度数据会形成大量的噪声，甚至造成某些类被隐藏。高维数据的数据量往往达到 GB 级别乃至 TB 级别，庞大的数据规模对数据挖掘的质量和效率都提出了新的要求。此外，随着属性维的增加，数据变得异常稀疏，在这种情况下，传统的距离度量方法失效，因此，高维数据流聚类问题充满挑战性。

现有的高维数据流聚类算法的研究思路主要包括遵循投影聚类技术、基于网格和密度的聚类技术、基于双层结构的聚类技术。

聚类模式发现难度较大，且不一定具有现实意义，采用在投影子空间中寻找聚类，是近年来高维聚类领域广泛采用的研究方法。根据聚类搜索策略的不同，子空间聚类方法可分为自顶向下的搜索策略和自底向上的搜索策略两大类。基于网格和密度的聚类采用网格划分技术，将网格内数据点数作为网格密度，根据密度阈值从而判断网格的稠密与否，将稠密的类形成新簇。该算法只与密度阈值及网格划分的数量有关，不受数据规模的影响。基于双层结构的聚类技术分为在线微簇聚类和离线宏聚类，其中在线微簇聚类将网格信息以快照方式存储，实现了数据流的降维；离线宏聚类依据用户指定时间跨度对网格形成微簇来聚类，提高了在线处理速度。

高维数据流聚类的研究处在起步阶段，仍面临诸多有待突破的问题，例如基于网格和密度的聚类需要输入较多的聚类参数；怎样构造有效的距离度量函数，适应数据流的增量处理、减量遗忘；投影聚类后如何获得精确的子空间概要信息等。

1.3.2　国内外相关文献研究

国内，金澈清等对国内外关于数据流的核心概要结构的生成与研究成果进行了综述，并对比了界标模型、滑动窗口模型中各种方法的优缺点。李建中等采用多元回归模型，研究了基于滑动窗口的未来数据流预测聚集查询处理方法，为了降低预测的误差，设计了自适应调整模型。实验结果表明，该预测模型更适合处理具有线性关系的数据流。张冬冬等研究了对数据流历史数据的存储管理和聚集查询处理，通过对最近产生的历史数据实施多层递阶抽样存储，在内存中建立 HDS-Tree 索引，减轻外存空间的存储负担，实现了数据流历史数据的存储与分析。彭商濂等指出在很多应用中历史数据流所含信息丰富，不能在一次扫描后丢弃，研究了在实时-历史数据流上同时进行事件的检测和查询，用时空关系和时态关系管理滑动窗口内产生的模式匹配结果，但未考虑多个用户同时查询、数据乱序的情形。张建朋等设计了一种可处理离群点，并能通过微簇衰减密度实时检测数据流变化的加权近邻传播聚类算法，但该算法不适用于分布式环境。陈安龙等提出了一种面向多数据流环境的数据流压缩算法，该方法采用小波技术，利用了多数据流之间的耦合特征。庄雪吟等通过分布式流水线计算，设计了一种实时流数据处理框架，可应用于物联网的复杂装备状态监测的数据流处理，但在实际应用中仍有很多方面有待提高。秦首科等针对滑动窗口上的数据流突变监测，提出了基于分段分形模型的突变检测算法，降低了检测处理时间的复杂度，但检测窗口的最适合大小还有待进一步研究。毛国君等将异常检测与误用检测结合，提出一种基于多维数据流挖掘的网络入侵检测模型。刘三民等用支持向量机作为模型分类训练器，利用增量学习原理，设计了一个基于样本不确定性的增量式数据流分类模型，但存在效率不高，分类受噪声影响等问题。王涛等采用时空滑动窗口模型进行动态挖掘，综合运用聚类分析、主成分分析、多元线性回归方程，提出了一种数据流挖掘算法。罗元建等提出了一种基于有限状态机，面向 RFID 流数据进行清理与过滤的方法，该方法能清理系统内部冗余标签数据，有效过滤系统外标签数据，并筛选有效标签数据，降低误读、漏读带来的风险。焉晓贞等运用卡尔曼滤波实现无线传感数据流估计模型的动态调整，用多元回归降低数据流估计算法的复杂度。张昕等提出了一种改进的字典树结构，对数据流中的频繁模式进行了挖掘。屠莉等采用链表队列，提出一种基于滑动窗口的流数据频繁项挖掘算法，通过参数的变化可以获得不同的流数据频繁项挖掘算法。李国徽等针对用户对新数据流的内容比旧数据流感兴趣，研究了任意大小的滑动窗口的数据流的频繁项的算法，使用了衰减模型及滑动窗口树来降低时空复杂度。刘学军等根据数据流的特点，研究了一种新方法，利用分段、逐段挖掘滑动窗口中的频繁闭合模式。汤克明等通过建立三个概要表，选取概率值最高的前 k 项元组集合，提出了一种基于滑动窗口的不确定数据流查询算法。杨宁等提出了一种多数据流上的谱聚类算法，解决了从多数据流中挖掘演化事件的难题。亓开元等提出一种基于大规模历史数据及高速数据流的实时处理方法。

国外，Hoang 研究了在滑动窗口上对 Top-k 频繁项的挖掘；Massawe 等提出了一种针对 RFID 数据流中的自适应数据清洗方案；Kawashima 等研究了面向不确定数据流的概要数据结构；Ntoutsi 等研究了面向高维数据流的基于密度的投影聚类；Gulisano 等设计了一个弹性的可扩展的数据流处理框架；Dewan 等按照数据流漂移概念采用投票方式，建立了一种分类模型；Humphries 等研究了一个小到中等规模的现场用户的数据流查询处理系统，该系统采用模块化设计，有一个自主管理的缓冲区，提出了数据半自主丢弃的策略；Works 等研究了一个自适应多路数据流系统的索引策略，该策略不仅改变了多查询获取方式，而且在维护和存储上也是轻量级的。Pita 等设计了一种专用于堤岸监测传感器网络系统的数据流存储和分析的模型，从数据处理性能和数据存储的角度展开研究，对数据流中的各种信号进行了相关设计。Alzghoul 等设计了一种基于数据流预测的故障检测系统，研究表明数据流预测能减少分布式数据流处理系统的通信资源的能耗。Zaman 等研究了从数据流中去除噪声点的算法，该算法能从有用的数据流中鉴别出噪声点，并显著地降低网络监测数据流的规模和维度。Bifet 等在数据流学习窗口中引入了概率自适应学习窗口，实现了基于概率窗口的数据流分类。Domingos 等针对数据流概念漂移及数据量产生一个模型，提出了一个包含三个步骤的数据流挖掘框架。通过一定数量的训练，推导出上界数据挖掘算法；根据训练数据的功能，推导出精度损失的数据模型；依据精度限制，降低时间复杂性。Domingos 等提出快速决策树算法，构造了一棵动态决策树，通过增枝或剪枝策略来保证获取数据流的最新信息，从而实现了对数据流的挖掘分类。Palpanas 等针对数据流中的数据的重要性随时间而衰减的特性，提出了衰减函数，该函数能处理用户定义的数据。Bulut 等基于小波的树形结构具体设计了有遗忘特性的数据流概要结构，只需动态维护数据流上的小波系数，但缺点是数据衰减的速度不可控。Aggarwal 等对于离现在久远的数据用粗粒度进行处理，建立了金字塔时间窗口，利用倾斜窗口来保存数据流的概要信息，对数据流的分类进行处理。Dass 等研究了实时数据流的挖掘算法，该算法能自适应调整窗口大小固定的批处理数据流的大小，适应潜在分布可能会改变的数据流，改变了先前数据流的挖掘算法要求数据量固定的制约。Kopelowitz 等考虑了数据流的多项式及指数级的衰减函数，提出一个时间复杂度为 $O(\log_2 N)$ 的新算法，一个近似多项式衰减的匹配下界，探讨了算法和近似允许的附加误差界。Cormode 等研究了数据流上的时间衰减函数，对数据的新旧赋予不同的权值，给出了一个确定性算法逼近当下的衰减函数的聚集，如滑动窗口上的多项式衰减，并对按序到达的数据与过期到达的数据进行了比较，结果表明该算法取得了较好的效果。

国内外学者对数据流的研究，从时间角度来讲，主要是研究历史数据流、当前数据流和未来数据流；从数据处理环节来讲，主要是研究数据流的预处理、数据流的集成、数据流分析等；从技术角度来讲，主要是研究数据流的聚类、分类、查询、存储、预测；从维度角度来讲，主要是研究一维数据流和多维数据流；从数据流挖掘对象来讲，主要是研究频繁项、概要数据结构、噪声点；从数据流研究对象来讲，主要是研究单数据流、多数据流。

数据流处理的应用场景较多，以智慧农业、精准农业为代表的农业应用，产生的农业大数据主要是数据流。流处理中，无法确定数据的到来时刻和到来顺序，也无法将全部数据存储起来。因此，不再进行数据流的存储，而是当流动的数据到来后在内存中直接进行数据的实时计算。

农业领域中的数据流来源众多，形式多样，处理复杂，单一的计算模式很难满足不同的计算需求，因此，如何根据数据流的不同数据特征和计算特征，从多样性的计算问题和实际需求中提炼并建立出高层抽象或模型，是目前数据流研究亟待解决的问题。

对于实际采集到的数据流，不同用户会有着不同的需求，本书依托养猪场智慧农业平台的研究与示范项目，从实际需求出发，针对数据流预处理阶段的数据流的聚类方法、数据流集成过程的追溯方法、数据流分析过程的实时预测方法进行了相关阐述，并在最后设计了一个面向养殖环境的猪舍集数据流采集与预测为一体的自动化控制系统。

1.4　主要研究内容和技术路线

已有的关于畜禽健康养殖环境监测与控制系统的研究还不够深入，所谓的预警也只是针对瞬时值的预警，未考虑瞬时值为噪声情况会带来误操作的影响，导致预测结果不准确，归根结底是缺乏对于数据流采集到的数据信息进行全面的、深层次的挖掘分析，这从某种程度上制约了农业的发展。基于此，本书从研究数据流的特性出发，对于传感器采集到的数据流进行分类，通过改进的双层框架结构实现对数据流概要结构的在线存储，用户可后期采用离线宏聚类，将聚类中异常的结果通过追溯进一步分析，查找数据流异常的源头；设计了基于不同时间粒度的自适应调整灰色预测模型，实现数据流的实时动态预测。为了帮助用户更好地了解系统状态、控制系统，对猪舍环境数据流采集与监控系统进行建模和分析，保障了设计的猪舍环境监控系统的科学性、准确性、实时性，有利于指导农业高效、有序地向前发展。

在数据流的预处理阶段，由于大数据具有价值大、密度低的特点，因此，聚类分析的结果对于进一步分析数据的特征尤为重要。智慧农业中，无线传感网采集到源源不断的数据流，为了更好地分析这些数据流所监测的畜禽养殖环境状态等各个因素之间的内在联系，有必要对数据流进行聚类，然后，在聚类的基础上进行数据分析，开展下一步的研究工作。在数据流的聚类方面，目前的数据流聚类在概要结构设计和时间的演化分析上并不完善，较难发现时间维度上的聚簇问题。此外，对于连续型随机变量的输入，现有方法未考虑存储空间的影响，造成数据存储空间的海量增长，因此，需要研究新的聚类方法。

在数据流的集成阶段，由各个环节产生各种数据流，为了研究同一属性或不同属性的数据流的特征，不可避免地会出现数据流的混合和重组，在实验完成时向用户提供最终结果。由于数据流的快速、实时等特征，传统的最小可追溯单元在此种情况下无法一一标注，这会导致追溯信息采集中的断层问题。各环节所产生的不确定性不断传递、放大，这都极大地影响最终查询结果的质量，一旦最终结果出错，对于实验中间过程产生的数据流的混合和重组的关键信息，现有的追溯系统是无法在数据流背景下快速进行动态追溯的。这对后面的追溯带来了一定的难度。研究大数据背景下的数据流的产生，并随时间推移而演化的整个过程，从而以较高效率去追踪不同数据流间和同一数据流内部数据的不确定性的来源和演化过程，是农业大数据研究要解决的课题。

在数据流的分析阶段，设计实时预测算法对监测的有害气体浓度等数据流未来发展趋势进行实时预测，系统人员可以根据预测结果确定在未来一段时间内，是否会发生异常事件，及时采取相应措施进行调控，将损失降低到最小。智慧农业中无线传感网采集到的数据流来源众多，数据流实时处理的要求又使系统不能进行磁盘存取。多数情形下，人们为满足数据流实时性的要求，只需获得近似结果即可，这就导致了预测的结果并不总是尽如人意。此外，数据流随时间的变化而变化，数据特征未知，而且往往是非单调分布的，因此，到目前为止，没有一种通用的数据流预测模型。在实际应用中，往往是根据需求进行相关的设计和分析，有必要开展数据流上的专用预测模型的研究。

在以上研究的基础上，为了加深用户对系统状态的了解，更好地控制系统，考虑计算过程和物理过程通过网络实时交互对系统行为所带来的影响，先对系统进行数据流下的扩展建模和实例分析，设计一个面向养殖环境的猪舍数据流采集与预测为一体的自动化控制系统，最终将前面的研究应用于系统中，实现了对猪舍养殖环境的监测，既为猪舍养殖提供自动监测手段，也为控制智能化和管理科学化提供依据。

本书的技术路线图如图 1-1 所示。

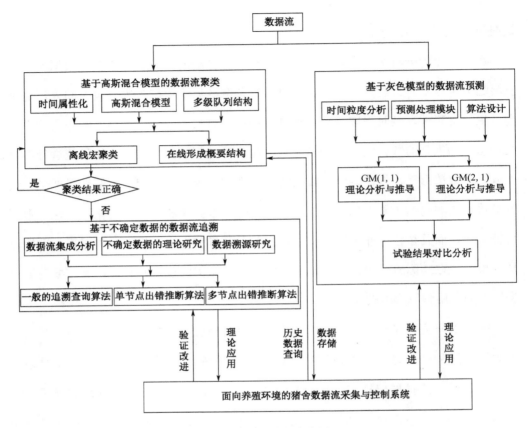

图 1-1   研究技术路线图

1.5   组织结构

本书共六章，各章之间的组织结构如图 1-2 所示。

第 1 章为绪论。该章首先介绍了研究背景和意义，分析了大数据研究面临的挑战，在对本领域国内外研究现状综述和分析的基础上，介绍了主要研究内容及本书的组织结构。

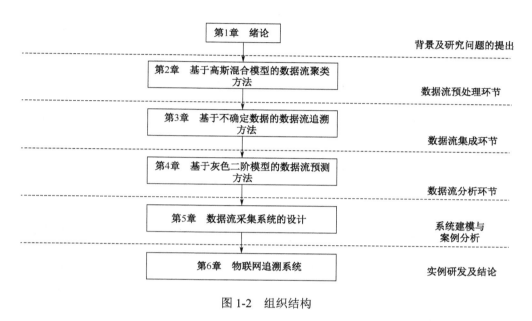

图 1-2　组织结构

　　第 2 章，基于高斯混合模型的数据流聚类方法。现有数据流聚类模型大多是基于离散型随机变量模型开展的，针对连续型随机变量模型的研究相对较少。已有针对连续型随机变量的聚类方法很难发现时间属性上的聚簇问题。本章研究基于高斯混合模型构建方法，设计一种占用存储空间较小，可以方便地表示数据的不确定性，将时间直接作为数据属性，直接查询某个时间维度的聚簇的通用数据流聚类算法（Cumicro），并通过实例验证了算法的有效性。

　　第 3 章，基于不确定数据的数据流追溯方法。先阐述了现有数据流追溯中面临的挑战，在此基础上提出了如何以较高效率去追踪不同数据源间和同一数据源内部数据的不确定性的来源和演化过程，这是当下要解决的首要问题，设计了基于不确定数据的数据流追溯模型架构，给出了单节点出错进行追溯的方法，以及多节点出错如何进行追溯的思路。

第 4 章，基于灰色二阶模型的数据流预测方法。首先介绍了目前对数据流预测的研究现状及存在的问题，并通过表格对已有的一些预测方法给出了比较。接着，引入了时间粒度概念，介绍了灰色预测模型，在此基础上，提出了数据流上的预测查询处理模型，并给出了数据流预测处理算法，最终实现了数据流的在线实时预测。

第 5 章，数据流采集系统的设计。在前面研究的基础上，设计了一个面向生猪养殖的集数据流采集与预测为一体的自动化控制系统。首先介绍了猪舍环境监测与控制系统的建立背景，接着介绍了现有监控系统及数据流模型研究现状，之后，针对传统的模型建模方法大多局限于时间域内的分析，没有考虑计算过程和物理过程通过网络实时交互对系统行为所带来的影响，扩展现有信息物理融合系统模型，给出了面向生猪养殖的集数据流采集与预测为一体的自动化控制系统建模的形式化描述，并将前面章节的研究应用于系统中，实现了对猪舍环境的监测。

第 6 章介绍物联网追溯系统研发相关内容，例如，养殖场信息管理系统、屠宰信息管理系统、追溯查询信息系统，并对本书的主要内容进行了梳理和总结。

第2章　数据流聚类方法的研究

2.1　简介

近年来，随着智慧农业、精准农业、农业物联网的迅速发展，各个传感器节点监测的数据产生了源源不断的数据流，数据流中的每个元素都属于潜在的、未知的数据，这些高速、持续、实时、无限的数据流是农业大数据的重要组成部分。大量未知的信息蕴含于数据流中，人们若想充分利用这些看似毫不相关，甚至支离破碎的大量数据，就需要针对其特征进行深层次的数据挖掘，才能从中提取出真知灼见，产生大智慧。

所谓数据挖掘，是指从大量无规律的数据中挖掘出潜在的、有价值的、有意义的、可理解的、可解释的模式，进而发现有用的知识，并得出时间上的趋向和内在关联，从而实现为用户提供问题求解层次的决策支持能力。聚类分析是数据挖掘的一个子领域，通过使用数学理论和方法将数据集按照一定的度量标准划分成不同的组，适合于用来探讨样本之间的相互关系，从而对样本结构进行初步的评价，是大数据预处理的一个中间环节。由聚类所生成的簇是一组数据对象的集合，聚类的结果使得同一组内的样本相似度尽可能高，不同组样本相异度尽可能高。聚类分析是数据挖掘分析中的热点研究领域，通过聚类分析，对数据稀疏或密集的区域进行区分识别，从而找出数据间的内在联系和分布规律，在模式识别、气象分析、天气预报等领域得到了广泛的应用，具有重要的理论意义和实用价值。

数据流的聚类分析都是由传统的静态聚类方法演变而来的，对数据集中的元素进行聚类，确定它们之间的关系，多用距离和相似度来度量。

类的定义描述如下。

$\forall x_i, x_j \in X$，d_{ij} 为元素 x_i, x_j 间的距离，阈值 T 为给定的一个正数，X 为元素的集合。若 $d_{ij} \leq T$，则称 X 对于阈值 T 构成一个类。若集合 X 中任意两个元素的相似度用距离 d_{ij} 来度量，则有 $d_{ij} \geq 0$，$d_{ij} \leq d_{ik} + d_{kj}$，$d_{ij} = d_{ji}$，常用的距离有名氏距离、马氏距离、杰氏距离、斜交空间距离等。若集合 X 中任意两个元素的相似度用相似系数来度量，则集合中越相似的元素，相似系数的绝对值越接近 1，不相似的元素间的相似系数接近 0。

传统的聚类方法主要有如下几种：基于划分的聚类方法、基于网格的聚类方法、基于密度的聚类方法、基于模型的聚类方法、基于层次的聚类方法等，每种聚类方法各有其优缺点。

基于划分的聚类方法是将含有 n 个样本的数据集划分成 m 组，$m \leq n$，每个组代表一个簇，划分的组至少要包含一个样本，每个样本只能属于一个组。要构建的划分数目 m 确定后，先确定一个初始划分，利用迭代不断重新定位，通过在簇之间的移动来优化划分。其中，较为经典的算法是 K 均值算法和 K 中心点算法。大部分基于划分的聚类方法，利用样本间的距离进行度量，导致聚类簇的性质受限，只能发现球形的聚簇。

基于网格的聚类方法是把样本空间量化为数量有限的单元，形成网格结构。系统的聚类操作都是在该量化空间上进行的，处理速度快是该算法的优点。处理时间取决于量化空间中每一维的单元数。缺点是只是对垂直点、水平点、边界点的聚类效果较好，较为经典的算法有 Sting 算法、WaveCluster 算法等。

基于密度的聚类方法的核心思想是当邻近区域的数据点数超过了某个阈值就继续聚类。该方法能发现任意形状的聚簇，可过滤噪声点、孤立点数据，较为经典的算法有基于密度的增长聚类算法 DBSCAN、成簇排序的 OPTICS 算法。

基于层次的聚类方法按照方向来分，可分为自顶向下的分裂、自底向上的合并（凝聚）两种，其优点是动态建模，可以保存概要数据。聚类方法简单，能识别出形状复杂、不同大小的聚类，能找到孤立点。在层次聚类方法中，程序需要根据一定的相似性衡量标准分割不相似部分，或合并相似部分，较为经典的算法如 BIRCH 算法、CURE 算法、CluStream 算法等，尤其是 CluStream 算法对数据流分两步聚类而被人们广泛采用。

基于模型的聚类方法假设数据集由某种潜在的概率分布所生成，用数据集来拟合某个数据模型，常用的、经典的基于模型的聚类方法有 AutoClass、CLASSIT 等。

由于数据流的特性，传统的数据挖掘技术无法直接应用于数据流挖掘中，人们在此基础上开始研究大数据背景下的数据流挖掘技术，以便找出分布未知的数据流中潜在的价值。数据流聚类与传统的数据聚类存在很大的差别，要求实时、高效处理，对数据流扫描一次完成聚类。

对于传感器采集到的数据流，不仅要监测是否发生变化，而且要能对监测到的数据流区分噪声变化与显著性变化。由于数据流采集的过程中不可避免地会引入噪声数据，若是在预处理环节不进行处理，则会对数据流后期的分析产生较大影响，使其分析结果不准确，甚至偏离真实的分布规律。此外，对于聚类的异常数据，可以对数据流进行追溯查询，找出问题的原因所在，因此，聚类分析的结果对进一步分析数据的特征尤为重要。

本研究的背景是对猪舍环境进行实时监测，在猪舍不同位置安放同种类型的传感器，由于各种环境因素的自身特性，对于同一猪舍的不同位置的同种类型的传感器所采集到的环境信息也不同。为了对猪舍采集到的数据流进行深入分析，首先对其进行聚类，然后在聚类的基础上进一步分析和挖掘其内部特征。

2.2 研究现状及存在的问题

目前，对数据流的研究大多是基于离散型随机变量模型开展的，针对连续型随机变量模型的研究相对较少，主要是由于前者更利于计算机存储和运算。

在数据流聚类研究方面，杨宁等提出了一种基于时态密度的倾斜分布数据流聚类算法，该算法只能处理欧氏空间单数据流，但在实际应用中，分布式环境下多数据流相互影响，相互作用，越来越多的数据流存在于非欧氏空间。陈华辉等利用数据流的遗忘特性来对数据流进行压缩，建立一个比整个数据流的数据规模小得多的概要数据结构来保存数据流的主要特征，提出了基于小波概率的并行数据流聚类，损失了数据的准确度。张晨等主要面向含存在级不确定性的不确定数据流的聚类问题，提出了一种不确定数据流聚类算法——EMicro 算法。公茂果等提出了复杂分布数据的二阶段聚类算法，该算法主要适用于复杂分布的静态数据聚类问题。朱林等针对静态的文本和基因等高维数据，利用模糊可扩展聚类框架，与熵加权软子空间聚类算法相结合，提出了一种基于数据流的软子空间聚类算法。屠莉等提出基于相关分析的多数据流聚类算法。该算法将多数据流的原始数据快速压缩成一个统计概要，根据这些统计概要，通过增量式计算相关系数来衡量数据间的相似度，提出了一种能够动态、实时地检测数据流的发展变化，从而调整聚类数目的改进的 k-均值算法来生成聚类结果。郭昆等针对空间上相近的数据流其相似性不一定高的特点，指出欧氏距离测度的非普适性，并提出一种基于灰关联分析的多数据流聚类方法。该方法定义了将多个数据流的原始数据压缩成可增量更新的灰关联概要，通过计算多个数据流间的相似度从而进行聚类，但算法在运行效率和灵活性上存在不足。于彦伟等提出一种基于密度的空间数据流在线聚类算法，该算法是在 DBSCAN 算法基础上的改进，对空间点邻域范围半径和最小邻域点阈值进行了定义，给出了在线聚类的形式化描述，提出了 OLDStream 全局在线聚类算法，但算法对输入参数具有很大程度的依赖性。

　　国外 Asbagh 等提出了一种基于特征的数据流聚类算法，首先，该算法根据聚类的紧凑程度和独立性来对其特征进行排名，然后，使用自动算法识别出不重要的特征，并将其从数据集中移除。在聚类的过程中，这两个步骤持续不断地进行，实现数据流的聚类，但该算法目前还不能用于基于密度的聚类上，需要改进。Fathzadeh 等研究了一种集成学习的数据流聚类方法来提取位置数据流的典型特征，提出了一种由三个阶段组成的数据流集成模糊 C 均值算法，先将数据流分成小块，使用集成聚类算法聚类每个块，结合结束的划分提取出相对的划分。Khalilian 等概述了数据流聚类算法的几个方面：第一，在数据流聚类算法普遍存在的问题方面，有几个突出的解决方案，用以解决不同的问题；第二，基本方法的几种不同的假设（启发式和直觉式），最后提出了一个新的数据流聚类算法框架及其在这一领域研究中存在的具体困难，指出数据流聚类中的主要问题是数据只能被访问一次，要实时识别出概念漂移。Albertini 等研究了数据流聚类属性的形式及其算法分析，指出了当前的聚类程序在应用到数据流时有严重的局限性，因为程序命令是由无限的数据采集和数据流行为的变化所驱动的。尽管数据流与传统数据存在无限、无序的本质区别，但是研究忽略了数据流的动态性和瞬时性，制约了人们对数据流的正确认识，对数据流缺乏理论分析，于是作者提出了基于集合论的形式化方法。Silva 等写了一篇综述文章，通过对数据流聚类算法做了一个调查，指出数据流聚类中面临的几个挑战性问题的解决方法，譬如以在线的方式处理非静态的无限到达的数据流。数据流的内在本质要求设计的算法能够快速和增量式地处理数据对象，满足时间和内存限制的需求。对数据流聚类的应用领域进行了介绍，并在文末探讨了数据流未来可进行研究的方向。Khalilian 等对数据流聚类中的问题与挑战进行了阐述，指出聚类技术可以使人们发现隐藏的信息，文章主要从三个方面进行了阐述：一是数据流聚类的定义；二是在数据流聚类这个研究领域遇到的具体困难；三是各种不同的基本方法的假设形式及处理这些问题的显著性方案。Oyana 等研究了一种基于离散的余弦变换的数据流聚类方法，利用余弦对数据流进行变换，采用基于网格和密度的算法用于估计数据流的分布，从而发现任意形状的簇聚类。Cho 等设计了一个数据流聚类框架，支持高效的数据流媒体应用软件的归档，该方法可以显著降低插入和检索数据的磁盘访问次数。Aggarwal 等提出的 UMicro 算法，该算法比较经典，包含了如下关键技术：第一，模型使用了在线形成微簇和离线处理微簇的两步处理的方法，实现了对数据流高效处理，数据流动态到达，聚类算法动态更新聚类中间过程的产物微簇；第二，模型考虑了数据流中的时间属性，提出了时间演化数据流聚类的概念，提供了不同时间片段的聚类结果对比；第三，聚类方法简单，可以保存概要数据，有利于用户后期对不同时间段的历史数据进行离线聚类处理，能识别出孤立点。后续其他研究工作，如 SdStream 聚类算法的提出，以及基于密度的数据流聚类算法 DenStream 对数据进行挖掘，也都是在此基础上的改进。

Graham 等利用抽样和直方图操作，针对连续型随机变量模型提出了多种基本算法，但该模型面临的主要问题在于误差累积，导致最终结果可能不精确。使用连续型随机变量表示数据流中的数据，相对于离散型模型，与真实世界更接近。这类研究中，较为经典的是 CLARO 项目中使用的不确定数据流模型，它使用高斯混合模型描述不确定数据流中的不确定数据（也称为概率数据）。高斯混合模型是一种连续型概率分布模型，其概率密度分布理论上可以无限地近似其他分布，同时，其占用存储空间较小，可以方便地表示数据。高斯混合模型具有较好的数学特性，其线性特性得到了证明，并被作为概要结构来存储数据流概要。

以上的算法都有其各自应用的局限性，本书算法主要考虑存储空间的影响及项目实际需求中能查找任意时间维度的聚簇，并且能确定聚簇的时间范围。

目前存在的问题如下：由于数据流的体量巨大，而存储空间有限的制约，对数据流中的数据不能像传统数据那样在后台数据库中进行存储，需要一种节省空间的新型簇表示法对数据流中的数据来进行实时存储；当分布特征较为复杂或当精度要求很高时，往往需要存储较多的数据点才能刻画出分布特征，从而导致存储空间成倍增长；数据流聚类在概要结构设计和时间的演化分析上并不完善，较难发现时间维度上的聚簇。在猪舍环境监控系统中，上述问题同样存在，如何解决上述问题，是当前数据流聚类中的首要任务。

2.3　基于高斯混合模型的数据流聚类方法研究

2.3.1　数据流聚类算法框架

由于数据流具有潜在无限、快速到达等特点，因此，把所有数据放入内存甚至是硬盘中是不现实的，也就是说数据流中的数据不能全部存储。数据流持续不断地产生，决定了不可能一次获取所有数据。而某些实时性要求，需提供及时反馈，完成近似查询等，因此，在有限内存中将部分数据以概要结构的形式进行保存，随着新数据到来，概要结构不断被更新。

经典的 UMicro 数据流聚类算法主要包括在线微簇聚类和离线宏聚类两大块。其中，在线模块的主要功能是从位于内存的历史数据中收集详细的统计信息；离线模块的主要功能是将收集到的统计信息进行相应的分析，从而将数据流的各个数据簇形成概要结构。该方法实现了增量式的在线聚类操作，形成一系列的微簇结构作为中间产物，通过对微簇进行离线加工，以获得最终的聚类结果。

由于直接在原始数据上进行聚类十分困难，为了提高处理的效率，本章在经典的 UMicro 数据流聚类算法框架的基础上，设计了一种基于高斯混合模型（GMM）表示的数据流聚类算法 Cumicro，数据流聚类框架如图 2-1 所示。

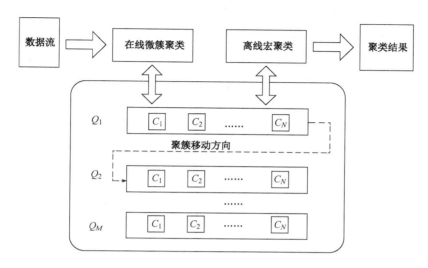

图 2-1　数据流聚类框架

2.3.2　基于高斯混合模型的数据流处理

数据流上的簇主要具有两个特性，即节省空间和含有时间特征。传统聚类方法常常需保存数据流中所有的点来进行簇的描述；然而随着新数据的不断到达，这种保存方式会带来存储空间的无限增长，因此，数据流中的全部数据不能都保存下来。与以往基于离散型随机变量表示的数据的研究不同，这些数据服从正态分布，本小节使用高斯混合模型描述了原始数据流中的数据。使用高斯混合模型表示数据流中的数据有如下优点。

（1）混合模型的每个组件都是高斯模型，高斯模型在自然界中普遍存在，可以较为贴切地表示真实数据，利用线性组合，GMM 几乎可以任意逼近任何连续型的概率分布。

（2）GMM 存储方便，对于每个组件，只需要存储相关参数。

（3）GMM 可以表示多维数据，可对多组属性使用一个 GMM 进行统一存储。

高斯混合模型 GMM 的表示形式如下：

$$p(x|\boldsymbol{\pi},\boldsymbol{\mu},\boldsymbol{\sigma}) = \sum_{i=1}^{h} \boldsymbol{\pi}_i g(x|\boldsymbol{\mu}_i,\boldsymbol{\sigma}_i) , \sum_{i=1}^{h} \boldsymbol{\pi}_i = 1 \qquad (2\text{-}1)$$

$$g(x|\boldsymbol{\mu}_i,\boldsymbol{\sigma}_i) = \frac{1}{(2\boldsymbol{\pi})^{\frac{z}{2}} |\boldsymbol{\sigma}_i|^{\frac{1}{2}}} \exp\left\{-\frac{1}{2}(x-\boldsymbol{u}_i)^{\mathrm{T}} \boldsymbol{\sigma}_i^{-1}(x-\boldsymbol{u}_i)\right\} \qquad (2\text{-}2)$$

公式（2-1）中，高斯混合模型的分布函数 $p(x|\boldsymbol{\pi},\boldsymbol{\mu},\boldsymbol{\sigma})$ 由多个正态分布 $g(x|\boldsymbol{\mu}_i,\boldsymbol{\sigma}_i)$ 相互叠加构成，其中，正态分布 $g(x|\boldsymbol{\mu}_i,\boldsymbol{\sigma}_i)$ 称为组件。模型中，$\boldsymbol{\pi}_i$ 表示第 i 个组件的权值向量，$\boldsymbol{\mu}_i$ 表示第 i 个组件的平均值向量，$\boldsymbol{\sigma}_i$ 表示第 i 个组件的维度间的协方差矩阵。取值设置上，我们假设原始数据为 z 维向量，共有 h 个组件，则 $\boldsymbol{\pi}$ 为一个一行 h 列的向量，$\boldsymbol{\mu}$ 为一个 z 行 h 列的矩阵，$\boldsymbol{\sigma}$ 为范数为 h 的向量，其中每个元素为 $z*z$ 的相关系数矩阵。经过模型转换，本小节所研究的数据流就变成了符合高斯混合模型（GMM）的元素序列，每一个元素可以记为 $(t,\boldsymbol{\pi},\boldsymbol{\mu},\boldsymbol{\sigma})$ 的形式，其中 t 表示时间戳。

以往传感器后台数据库中存储的数据，是根据传感器节点的采样时间间隔获取不确定数据流中的一部分数据进行存储的；而真实的数据流每时每刻源源不断地高速到达，其数据量远远大于传感器后台数据库中存储的数据。本书通过 EM 算法获得模型组件的个数，将真实的数据流中的数据表示为高斯混合模型的形式，再通过概要结构进行存储，最后对其进行相应的聚类。概要数据结构中存储的并不是数据流采集到的原始数据，而是包含时间戳 t 的高斯混合模型组件，是关于数据流的压缩信息。

2.3.3　多级队列概要结构

多级队列概要结构采用多级队列的存储结构，以对 GMM 变换后的元素来进行存储，上层队列的元素通过一定的规则合并后加入到下层，这样一来，对于近期数据的聚类结果，会比较准确，但随着时间的推移，中间过程生成的微簇结构中原始数据个数越来越多，元素的时间跨度也越来越大，导致聚类的准确度会逐渐变低，在本书中采用时间属性化的方法进行处理。

概要结构中共有 M 层队列，从顶层到底层依次为 $Q_1, Q_2, Q_3, \cdots, Q_M$，每层可以存储 N 个微簇，微簇按照队列的编号由小到大依次进行存储。在结构上，整体概要为 $Q_1, Q_2, Q_3, \cdots, Q_M$，其中 Q 为概要的第 i 层，每层的结构为一个队列，每一层的队列结构定义为 $(C_1, C_2, C_3, \cdots, C_N)$，$C_i$ 为初步聚类形成的微簇，微簇的结构包含一个高斯混合模型和时间信息，记为 $(\pi, \mu, \sigma, t, T_{au}, n)$。其中参数 π, μ, σ 是确定 GMM 的三个基本要素，π 为 GMM 的权值向量，μ 为 GMM 的均值向量，σ 为 GMM 的方差向量，参数 t 和参数 T_{au} 是用来确定簇中元素的时间分布的，t 是时间标签的均值，T_{au} 是时间标签的方差，n 为参与聚类的微簇形成的组件数目之和，微簇存储了后续聚类所需要的信息，底层存储了全局的聚簇状态。

系统运行的每一时刻，当由多元素 (t, π, μ, σ) 构成的数据流先到达概要结构的顶层，系统将判断该组元素是否属于顶层的某一个微簇，从而决定是否进行微簇的一系列相关的合并、丢弃等操作。若当某层的微簇已满，则合并该层中离现在时间最远的两个微簇，之后将其加入到下一层队列中。其他层的队列依次类推，若底层队列中微簇已满，又有新聚簇到达时，则进行相应的合并操作，将离当前最远的两个微簇进行合并。

2.3.4　时间的属性化处理

数据流聚类方法多使用时间戳的方式记录数据的到达时间,这种处理方式的好处是在聚类的过程中便于就近合并聚簇,但在查找相似聚簇时,得到的两个 GQFD 距离可能有较大的时间跨度,这使得最终得到的聚簇的时间跨度难以控制。此外,这种聚类方式只能给出数据流的聚类结果在不同时间片段上的投影,不能发现真正意义上的时间维度上的聚簇。考虑将时间作为一个属性参与聚类计算可以使问题得到解决,引入时间作为聚类的一个判定属性,当时间间隔大时,聚簇的相似度较小。同时,由于每个聚簇都会包含时间信息,最终得到的聚类结果可以直观地获得聚簇在时间维度上的信息。将时间作为属性参与运算的方式称之为时间的属性化。

为了对时间进行属性化处理,矩阵 μ 增加一列,σ 中元素个数不变,同时在每个相关系数矩阵中增加一行和一列。其中 σ 中增加的元素为 T_{au},μ 中增加的列为 t。为了便于计算,处理时,假设时间变量与其他随机变量独立,故非主对角线增加的元素均为 0。

假设时间作为随机变量,与其他随机变量一样是独立的,这一假设是与应用相关的,在不同场景下,结论不同。某些场景更适合于使用独立假设,而某些场景不适合。本小节使用时间属性独立的假设,初衷在于便于计算:在计算 GMM 模型的协方差矩阵 σ 时,对于每一个子高斯分布,由于时间维度与其他维度独立,仅需估计一个变量即可。但如果时间维度与其他维度相关,那么协方差矩阵需要估计 $2n-1$ 个变量。仅估计单一变量必定会引入误差，本书没有单独对该步骤进行理论分析，而是在实验中对方法的整体性能给出了综合考量。此外，采用这种估计方式，即便是对于时间属性相关的场景，也不会引入太大的误差。主要是由于采用了 GMM。直观来看，协方差矩阵 $\boldsymbol{\sigma}$ 的最后一行与最后一列如果为 0，例如[x, 0; 0, y]，此时，无论如何修改 x 和 y，始终无法使用该模型描述一个倾斜的高斯分布。但对于 GMM 而言，这种描述能力的不足会通过多个"无法描述倾斜"的子高斯分布的叠加达到。所以，对于特定应用，只要使用 EM 算法进行 GMM 的参数估计时的错误可以接受，这种模型假设就是合理的。

对于用高斯混合模型处理的均值向量 $\boldsymbol{\mu}_i$ 记为 $\boldsymbol{\mu}_i'$，每一个协方差矩阵 $\boldsymbol{\sigma}_i$，扩展后记为 $\boldsymbol{\sigma}_i'$，处理后的其形式如公式（2-3）所示：

$$\boldsymbol{\mu}_i' = \begin{pmatrix} \mu_1 \\ \mu_2 \\ \vdots \\ \mu_n \\ t \end{pmatrix}, \quad \boldsymbol{\sigma}_i' = \begin{pmatrix} \sigma_{11} & \sigma_{12} & \cdots & \sigma_{1n} & 0 \\ \sigma_{21} & \sigma_{22} & \cdots & \sigma_{2n} & 0 \\ \vdots & \vdots & \ddots & \vdots & 0 \\ \sigma_{n1} & \sigma_{n2} & \cdots & \sigma_{nn} & 0 \\ 0 & 0 & \cdots & 0 & T_{au} \end{pmatrix} \quad (2\text{-}3)$$

对于初始值的选取，t 选用当前时间；T_{au} 控制了时间维度上聚类的快慢，其取值需要多方面考虑：如果 T_{au} 的取值过小，会影响聚簇的形成，T_{au} 的取值过大，造成的后果是在时间维度上产生较大的聚簇，故需要综合考虑 T_{au} 来避免上述两种聚类情况的发生。考虑到时间属性与其他属性的相互独立性，无法通过其他属性对时间属性进行推测。此外，在实际应用中，时间单位与其他属性的计量单位往往是不同的，因此，T_{au} 的取值最好由用户指定，但这样又带来一定的随意性。综上，采用下面的

条件对 T_{au} 的取值来进行约束。首先，因协方差矩阵 $\boldsymbol{\sigma}_i'$ 为正定矩阵，则 $T_{au} > 0$；其次，到达数据的时间差的最小值和最大值，可作为参数 T_{au} 的合理参考；时间属性 T_{au} 的取值，需要用户根据聚类快慢的需求进行指定。

表 2-1 为概要结构更新算法（以下简称算法 1）。

表 2-1 概要结构更新算法

SynopsisUpdate()
Input：The current state G，timestamp t，new arrival data (t, S, Σ, P)（in short X），The distance of GMM k，the component upper number of single gauss model U
Output：next state G'
1）$i \leftarrow 1$，X join microcluster of S_C
2）for $Q_i \in [Q_1, Q_M]$
3）   if S_C is empty，return G
4）   if $Q_i == Q_M$
5）   for $C \in S_C$
6）   if Q_M is not full, then C join Q_M
7）   find Min(d)，where d=distance(C, C_t)
8）   if $d < k$，call CMergeAndSimplify (C_t, C, U)，sort Q_M
9）   return G
10）   else
11）   for $C \in S_C$

续表

12)	if Q_i is not full, C join Q_i
13)	else
14)	find Min(d), where d=distance(C, C_t)
15)	find Min(d'), where d'= distance(C_m, C_n)
16)	if Min(d, d') > k
17)	put the microcluster in tail of Q_i into S_C
18)	C become a new microcluster, put C into the head of Q_i
19)	else
20)	if $d < k$ call CMergeAndSimplify(C_t, C, U), merge C and C_t
21)	else call CMergeAndSimplify(C_m, C_n, U), the result join S_C
22)	sort Q_i

2.3.5　基于高斯混合模型的数据流聚类

聚类过程，就是对概要结构中的微簇进行动态维护的过程。整个聚类过程包括概要结构更新、微簇合并和微簇简化等步骤。

概要结构更新如算法 1 所示，其中，S_C 以队列的形式进行存储，是一个临时结构，用于存储向下层队列更新的微簇。t 为当前时刻，G 代表当前概要，相关度阈值 k 用于控制每层聚类粒度变化的梯度，k 越小，限制聚类的距离越严格，数据聚合速度越慢，不同层之间微簇的粒度变化越慢。

算法 1 要进行微簇之间距离的估计，直接采用了签名二次型距离 GQFD 来计算，通过计算组件间的距离来估计整体 GMM 间的距离。这种方法有较高的处理效率，适用于数据流处理，同时具有满足三角不等式、对称性等性质，更适合于微簇间相似度的估计。

更新后的概要结构具有以下特性：（1）越是靠近底部的聚簇包含的簇粒度越大；（2）对于层 Q_i 和其下层 Q_{i+1}，Q_i 簇中时刻 t 的均值大于 Q_{i+1} 层簇的时刻 t 的均值。每次更新时，若时间戳最小的元素不能够合并，则直接被放于队首；若时间戳最小的元素可以合并，则合并完成之后队列重新排序，故队列之间和队列之内的微簇的时间均值 t 总保持有序。

2.3.6　微簇合并

微簇的合并是算法 1 的子过程。由于高斯混合模型具有良好的线性特性，模型之间的合并实际上是参数向量 $\boldsymbol{\pi}, \boldsymbol{\mu}, \boldsymbol{\sigma}$ 的扩展。假设微簇 C_1、微簇 C_2 合并之后形成新的微簇 C_3，记微簇 C_1、微簇 C_2 的概率密度函数分别为 $f_1(x), f_2(x)$，a, b 分别为微簇 C_1、微簇 C_2 中原始数据的个数，可知，聚簇 C_3 的概率密度满足公式（2-4）：

$$f_3(x) = \frac{b}{a+b} f_1(x) + \frac{a}{a+b} f_2(x) \qquad (2\text{-}4)$$

由于 $f_1(x), f_2(x)$ 的每个组件均为加权的正态分布，其线性叠加形成的 $f_3(x)$ 也是一个高斯混合模型，其组件为微簇 C_1, C_2 的组件之和。合并操作不改变新簇组件中的 $\boldsymbol{\mu}$ 和 $\boldsymbol{\sigma}$，只改变新簇的组件的权重，新簇权重向量 $\boldsymbol{\pi}$ 根据来源不同分为两部分，分别乘以系数 $b/(a+b)$ 和 $a/(a+b)$。

　　微簇合并中存在的一个问题是组件的"碎片化"：经过多次合并，组件数目并没有减少，但每个组件的权重不断减小。由于 GQFD 方法以微簇组件为基本计算单位，过多的碎片会大大降低计算的效率。这里，设定微簇的组件数目上限为 U，当组件数目超过 U 时，合并均值 μ 最为接近的两个组件，形成的新组件权重 π 为原有两个组件权重之和，均值 μ 为加权均值，方差为原始的最大方差。这种处理方法虽然损失了方差上的精度，但较好地保存了数值特征。具体算法如表 2-2 所示。

　　通过对已有的概要结构中的聚簇来进行离线聚类就可以获得聚类的最终结果。由于每层队列中微簇之间所属的粒度不同，每个微簇实际上就是一个包含时间属性的聚簇结果。由前面的分析可知，概要结构在各个层次上是有时间顺序的，因此通过数次的扫描，就可得到任意时间段下的聚类结果。

　　在表 2-2 算法中，步骤 1 到步骤 8 完成了两个微簇的组件的合并，步骤 9 到步骤 13 完成了组件的简化。

表 2-2　微簇合并与简化算法

CMergeAndSimplify(C_r, C_s, U)
Input：微簇 $C_r(\pi_r, \mu_r, \sigma_r, t_r, \mathrm{Tau}_r, n_r)$ 和微簇 $C_s(\pi_s, \mu_s, \sigma_s, t_s, \mathrm{Tau}_s, n_s)$，层 Q_i，组件上限 U
Output：合并生成的新簇 C'
1）　$r \leftarrow n_r/(n_r+n_s)$，$s \leftarrow n_s/(n_r+n_s)$，$k_r$ 和 k_s 为 C_r 和 C_s 中组件个数
2）　for $i \in [1, k_r]$
3）　$C'\pi_i \leftarrow r\pi_i$，$C'\mu_i \leftarrow \mu_i$，$C'\sigma_i \leftarrow \sigma_i$
4）　endfor
5）　for $j \in [1, k_s]$

续表

6）$C'\pi_{k_r+j} \leftarrow r\pi_j$，$C'\mu_{k_r+j} \leftarrow \mu_j$，$C'\mu_{k_r+j} \leftarrow \sigma_j$

7）endfor

8）$C'n \leftarrow n_r + n_s$

9）while 微簇 C 中的组件数大于 U

10）　　找到 C 中最近的两个组件 $g_1(\pi_1,\mu_1,\sigma_1)$ 与 $g_2(\pi_2,\mu_2,\sigma_2)$

11）　　$g'(\pi',\mu',\sigma')$ 为新组件，$\pi' \leftarrow \pi_1 + \pi_2$，$\mu' \leftarrow \dfrac{\pi_1\mu_1 + \pi_2\mu_2}{\pi_1 + \pi_2}$，$\sigma' \leftarrow \max(\sigma_1,\sigma_2)$

12）　　使用 g' 代替 g_1 和 g_2

13）endwhile

2.4　实验及分析

由于 UMicro 算法在处理数据流聚类方面的高效性，本节以该算法为基准算法来验证 UMicro 算法的性能，而 SdStream 算法和 DenStream 算法主要是基于密度的聚类，与本书提到的聚类有本质不同，故不做比较。在数据源方面，由于目前已有的一些开源数据集的数据分布不能事先预知，会给后面实验结果的验证带来困难，因此，使用了传感器在猪舍中监测到的真实环境数据集进行仿真实验。

实验中采集数据所用到的温湿度传感器采用的是广州乐享电子的温湿度检测仪 AH8008，该检测仪相关参数如表 2-3 所示。

表 2-3　实验所用温湿度传感器

传感器名称	量程	测量精度
温度	-20～40℃	(-1%，1%)
相对湿度	0～100%	(-1%，1%)

实验中使用的温湿度检测仪如图 2-2 所示。

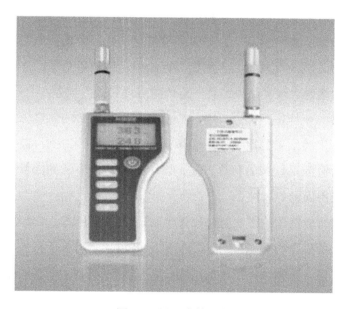

图 2-2　温湿度检测仪

在三个育肥猪舍中，布置了温度传感器和湿度传感器，采样频率为 10 分钟一次，进行了三个月的监测，从中选取了 6 000 个样本数据作为实验数据，并将时间作为多维空间中的一个属性，这样每个样本是三维。由于饲养密度、生猪品种、生长周期等不同，每个猪舍的传感器采集到的数据总体上服从各自的函数分布，不可避免地在某些情况下，会出现相同或是相近的数据，这些数据正好可以对算法聚类的有效性进行检验。由于 Cumicro 算法的参数选定、相关度阈值 D、时间属性方差 T_{au}、高斯混合模型两个点的空间距离 k，都直接影响算法的性能和准确性，因此，在实验中我们使用控制变量法对聚类参数进行了逐一验证。当考察某一参数值时，其他参数均为一给定值，在传感器监测的真实数据集上进行了实验，并给出了相应的分析。为了确保实验比较的相对公平性，文中对两种不同的聚类算法进行了 10 次重复实验，最终取所有实验结果的平均值进行比较。实验运行在 Windows 7，具有 intel core i7 处理器、8GB 内存的计算机上，并利用 MATLAB 软件进行仿真。

聚类是一种无监督的学习，分类的先验信息未知，数据按照某种度量准则被划分成不同的类别。但在目前的大多数聚类算法中，用户所希望产生的簇的个数往往需事先输入，这就导致聚类结果带有一定的主观性和人为误差。

对聚类效果的评价是聚类分析中的一个有难度且重要的研究课题，其主要难点是人们如何评价聚类结果的质量。由于聚类问题的复杂性，到目前为止，还不能找到一个通用于所有应用领域的评价方法。影响聚类评价方法的因素主要与采用的聚类算法、特定应用问题等有关。

常用的聚类有效性评价方法有外部评价法、内部评价法和相对评价法。

外部评价法的每个数据项的分类标记实际已知，采用基于预先指定的结构来评判聚类算法的结果。这种预先指定的结构反映了人们对数据集的直观认识。

内部评价法是建立在数据集的结构未知的前提下，人们通过数据集的量值和固有特征，对该聚类算法的结果进行评价。

相对评价法是依据事先定义好的评价标准，针对聚类算法不同的参数设置进行测试，最终选择最优的参数设置和聚类模式。

外部和内部评价法均基于统计测试，F – measure 是一种外部评价法，它组合了信息检索中查准率与查全率的思想来进行聚类评价。

$$F(i) = \frac{2PR}{P + R} \tag{2-5}$$

公式（2-5）中，P 代表准确率，R 代表召回率；对分类 i 而言，哪个聚类的 F-measure 值高，就认为该聚类代表分类 i 的映射。换句话说，F-measure 可看成分类 i 的评判分值。

k 的选取与数据自身属性有较大的相关性。直观上，k 值应当能尽量区分原本属于不同分类的元素，同时不影响同类元素的合并。使用 F-measure 作为聚类效果的评估方式，以此分析不同 k 值下的聚类结果，F-measure 值越大，聚类效果越好。

k 决定了聚类的效果，两个微簇间的相似度越高，意味着聚成一类的可能性越大。实验的数据集，在 T_{au} 取值为 0.025 时，采用 EM 算法进行初始加工，将原始采集到的数据加工为高斯混合模型表示的不确定数据，聚类完成后，通过外部标签对正确率进行评价。实验针对 k 值在 0.5 到 2.5 区间内，每隔 0.5 进行一次计算，最终得到如图 2-3 所示结果。k 值在 1.82 附近时聚类取得最好效果，但 $k > 1.82$ 时聚类效果显著下降，这是由于阈值过大导致合并条件过于苛刻，以至于同类元素被误判为属于不同类别。此外，$k > 1.82$ 后的 F-measure 值明显下降。当 $k > 2$，F-measure 始终为 0.17，上述两种情况下的聚类效果较差，主要是由 F-measure 评价机制引起的。

实验数据集在 k 取值为 1.817 时，采用 EM 算法进行初始加工，将原始采集到的数据加工为高斯混合模型表示的不确定数据，聚类完成后通过外部标签对正确率进行评价。如图 2-4 所示，当 T_{au} 取值小于 0.27 时，F-measure 值取得较好的结果，当 T_{au} 取值大于 0.27 时，F-measure 值急剧下降；当 T_{au} 取值大于 0.325 时，相关性减弱，F-measure 值不再发生变化，聚类的效果较差。

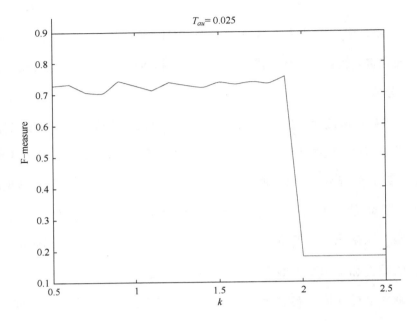

图 2-3　数据集在不同 k 值下 F-measure 的表现

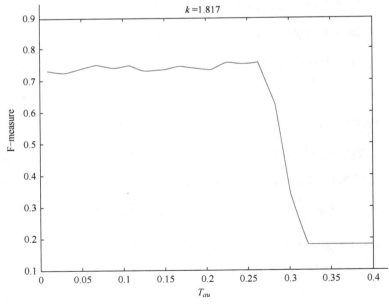

图 2-4　数据集在不同 T_{au} 值下 F-measure 的表现

　　采用 UMicro 的数据流聚类方法，获得如图 2-5 所示的试验结果。从图 2-5 中可以看出，随着 D 的增大，F－measure 值也在增大。这是因为 D 越大，范围越宽，对应的划为同一类的可能性越大，越容易聚类，当试验数据的 D 取值为 6 以上时，F－measure 值可达到 0.96 以上。

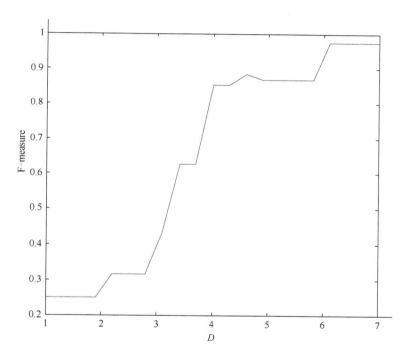

图 2-5　数据集在不同 D 值下 F-measure 的表现

　　由上述实验可以看出，本章提出的 Cumicro 算法的 F－measure 值受参数 k 和 T_{au} 综合影响，k 和 T_{au} 越小，越容易聚类，因为 k 和 T_{au} 反映了相关性；UMicro 的 F－measure 值受 D 的影响，因为 D 控制了聚类发生的边界，边界值 D 越大，越容易聚类。综合比较图 2-3、图 2-4、图 2-5 的关系曲线，考虑 D 一般取到 6 左右会比较好地反映数据聚类的特点，因此，这里 D 取 6。考虑 k 在大于 1.8 时，Cumicro 基本无效，T_{au} 取值在小于 0.27 时，F－measure 值取得较好的结果，故在下面的比较实验中，k 取 1.5，T_{au} 取 0.005。

实验过程中对原始数据集进行了归一化处理，原始真实数据集可以分成多个片段，这些片段的 σ，区分算法的好坏程度是不同的。为了给出鲜明的对比，图 2-6 的横坐标选取两种算法的各个分量相同的 σ 进行算法好坏的对比。从图 2-6 可以看出，随着 σ 的分量的增大，Cumicro 算法的趋势是整体下降的，这是因为数据在空间上相距较近，重叠的数据增多；若 σ 分量非常小，Cumicro 算法有误判的可能，准确度不如 UMicro 算法；当 σ 分量非常大，UMicro 无法区分不同的分类，此时，Cumicro 算法的优势就体现出来了。

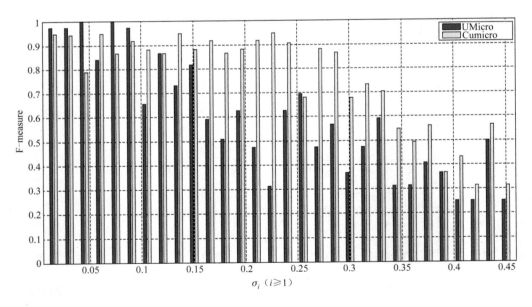

图 2-6　两种算法的聚类准确率比较

2.5　相关研究比较

基于以上分析，本章 Cumicro 算法主要有如下优点。

（1）采用类似于 CluStream 的在线聚类和离线聚类，提高数据处理的效率，从而提高系统整体性能。

（2）用高斯混合模型表示微簇结构，一方面可较为贴切地表示真实数据，另一方面也节省了存储空间。

（3）易于实现和应用，将时间直接作为数据的一个属性，通过对时间属性化处理，可以直接查询某个时间维度的聚簇。

（4）通过在线微聚类与离线宏聚类，将实时数据流以概要数据的形式进行存储，有利于用户在不同的历史时间段内通过离线聚类进行聚类分析，从而发现异常数据。

表 2-4 给出了 Cumicro 算法与 UMicro 算法的对比。

表 2-4　Cumicro 与 UMicro 的对比

对比项	UMicro	Cumicro
算法框架	与 CluStream 类似的两步聚类框架	与 UMicro 相同
输入数据表示	使用基于元组级不确定性的不确定数据表示	使用 GMM 表示
概要结构	与 CluStream 类似的多层队列结构	与 UMicro 相同
最小存储结构	用半径、中心位置表示微簇结构，适用于球形聚类	使用 GMM 表示微簇结构
对时间的处理	可发现某一个时间段中的聚簇，但不能确定聚簇的时间范围	将时间属性化处理，对于某个时间维度的聚簇可直接查询

2.6 本章小结

本章首先简要阐述了国内外数据流聚类的研究现状及其存在的问题，指出对于数据流不仅要监测是否发生变化，而且要能对监测到的数据流区分噪声变化与显著性变化。由于数据流采集的过程中不可避免地会引入噪声数据，若是在预处理环节不进行处理，则会对数据流后期的分析产生较大影响，导致其分析结果不准确，甚至偏离真实的分布规律。此外，对于聚类的异常数据，可以对数据流进行追溯查询，找出问题的原因所在，因此，聚类分析的结果对于进一步分析数据的特征尤为重要。

针对数据流的实时性、体量巨大的特性及现有存储空间的有限性决定了现有系统不能对数据流中数据一一存储，这就需要一种能够减少存储空间的有效存储方式，提出了一种基于高斯混合模型的数据流的概要存储方法；并介绍了典型的UMicro 算法聚类框架，该框架采用在线微聚类和离线宏聚类的处理方式。然后，在 UMicro 算法的基础上，使用高斯混合模型作为数据流中数据的表示形式，通过对时间进行属性化处理，设计了新的概要结构的动态维护方法，从而实现了针对连续型随机变量的数据流聚类。最后，通过实验验证了该方法的有效性。这种聚类方法有助于挖掘数据流上的时间特性，避免了基于划分的聚类中较难发现非球状聚簇的问题。但这种方法仍然存在舍弃和合并规则有可能带来精度损失等问题，这也是今后研究的目标。

第 3 章　数据流追溯方法的研究

3.1　简介

随着智慧农业、精准农业、农业物联网等的应用和普及，传感器采集到的数据流呈爆炸式增长。数据流是一个以一定速度连续到达的数据项序列，该序列只能按照下标递增的顺序读取一次。数据流是大数据的一种表现形式，数据流中的数据到达速率极快，数据量极大，要求数据流模型设计单遍扫描算法，以低空间复杂度来实时处理查询。大数据背景下产生的数据流含有不确定性的数据流，不确定性数据与确定性数据的最大区别在于不确定性数据含有概率维度，数据流中的每个数据元素是一个元组，每个元组往往带有时间标签或含有其他相关属性，各元组以概率的形式表达不确定性，可以是单一的概率值，也可以是复杂的概率密度函数。与大数据批量计算方式不同，流式计算中的数据流主要有无限性、突发性、易失性、无序性、实时性五个特征。

大数据背景下所研究的数据流计算之所以不同于传统的计算模式，主要表现在以下几个方面。

（1）瞬息万变。数据流中的数据是由数据源产生的，不同的数据源实时动态会发生变化，即便是同一数据源也可能产生突变，尤其是对于那些主动产生的数据流（如网络数据流）的前一时刻的数据流速率和后一时刻的数据流速率差异巨大，这要求系统能动态适应和匹配数据流量。

（2）实时到达。数据持续且源源不断地到达，而且数据到达速度飞快，大量的数据在短时间内高速到达，因此，对数据流进行处理或是进行查询，其结果不是一次性的，而是持续的，伴随着底层新数据的到达，将不断返回最新的处理结果。

（3）到达无序。数据的到达顺序是无法控制的，由于不同数据源所处的时空环境的不同，数据流中数据元素的相对顺序无法保证，即便是同一数据源在不同时刻，由于动态变化产生的数据也是不尽相同的。

（4）体量巨大。数据量无限大，数据取值范围广，换句话说，数据属性可取的值非常多，取值的范围非常大，这是直接导致数据流无法在存储设备中存储的主要原因。如果数据的维度小，即使到来的数据量很大，也可以在存储设备中保存这些数据。大数据流背景下的数据流中的数据属性往往与时间、概率联系在一起。当数据的维度远远超过了存储空间的容量，若将数据存储在内存中，对处理器和输入/输出设备来说，都是较大的负担，而且也没有相应的软件来进行有效地管理。从某种程度上来说，这意味着系统将无法完整保存这些信息，因此，数据流中的元素往往是即到即用，一次性使用。而且，数据计算、结果反馈具有实时性，数据被处理后将被抛弃，只有少量数据才被长久保存到硬盘中，通常只能在数据第一次到达的时候存取数据一次。

数据流的以上特点决定了大数据流式计算具有持续处理、一次存取、有限存储、近似结果、快速响应的特点。其中，近似结果是在前三个条件限制下产生的必然结果。

　　有学者用有向无环图（directed acyclic graph）描述了数据流的计算过程，如图 3-1 所示，其中，数据的流动方向用箭头表示，数据的计算节点用圆形表示。

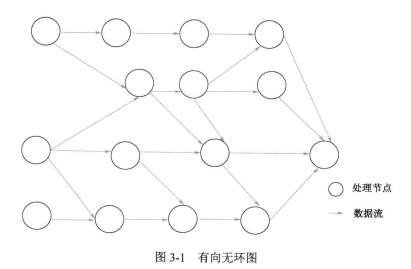

图 3-1　有向无环图

　　由图 3-1 可以看出，数据流在某些处理节点会混合，某些节点上的数据流经过了两次、三次，甚至更多次的混合和重组，这种情况在实际的项目中普遍存在，例如，在畜禽健康养殖中，为了监测养殖环境状况，在养殖场的不同位置安放了多个传感器，同种类型的传感器由于安放位置的不同，采样的结果也会有所不同。为了研究同种属性的数据流或是不同属性的数据流的变化规律、分布特征，经过中间环节，不可避免地在数据流集成处理中出现了混合和重组处理，完成实验时，向用户提供最终结果。

　　现有的追溯模型都是建立在可追溯单元不可拆分且可以唯一标记的情况下的，而大数据背景下，数据流演化过程中无法精确标记每个可追溯单元的情形，现有模型是无法表示的。由于数据流其本身的特性，只能采用实时处理的方式，而不是批处理，数据流中的各元素不能一一保存，各环节所产生的不确定性不断传递、放大，极大地影响了最终查询结果的质量。一旦最终结果出错，由于实验中的数据流的混合和重组是中间过程中产生的关键信息，现有的追溯系统是无法在大数据流背景下快速进行动态追溯的。当最后的结果出错时，如何以较高的效率去追踪不同数据源间和同一数据源内部数据的来源和演化过程，是当下要解决的问题之一。

3.2 研究现状及存在的问题

传统方法大多仅能够处理准确的数据流，之前许多学者研究了能够处理概率数据流上的查询分析，但是他们的工作主要集中于少数几种查询，例如选择、映射和聚集查询等。Lahar 系统则能够处理不精确的数据流，尤其是 RFID 等环境，能够处理脏数据。

现有的关于大数据流式计算系统实例有 Facebook 的高效、分布式的 Data Freeway and Puma 系统，Twitter 的主从式、开源实时数据流分析 Storm 系统，LinkedIn 的分布式、开源、具有高吞吐量，但只支持部分容错的 Kafka 系统，雅虎的可扩展、分布式、对称 S4 系统，Hadoop 之上的数据分析系统 HStreaming，微软的低延迟、分布式实时连续 TimeStream 系统，IBM 的专门用于进行复杂事件处理的 Esper 系统，IBM 开源实时商业流处理系统 StreamBase，伯克利的交互式实时计算系统 Spark 等。

在 Storm 中采用图状拓扑结构，如图 3-2 所示，用于进行实时计算。Storm 的出现降低了实时处理、并行批处理的复杂性。代码的分发由集群中的主节点完成，代码的执行由工作节点来完成。一个拓扑中包括负责发送消息，并以元组的形式发送数据流的 Spout 和对数据流进行转换的 Bolt 这两种角色。Bolt 间可随机发送数据，也可执行过滤、计算等一系列操作；由 Spout 发出的元组对应固定的键值对，属于不可变数组。Storm 保证每个消息至少能得到一次完整处理，若任务失败，将从消息源重试消息。

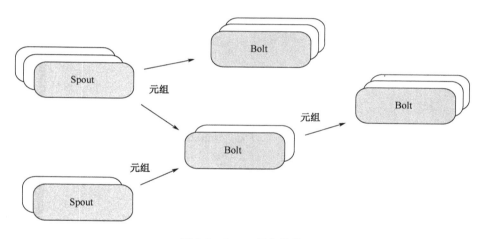

图 3-2　Storm 拓扑结构

　　Spark API 的一个扩展是 Spark Streaming，如图 3-3 所示，是按时间间隔预先将数据流分为一段段的批处理作业。Spark 针对数据流的抽象称为 DStream，每个DStream 是一个以滑动窗口数据和任意函数转换两种方式并行运作的微批处理弹性分布式数据集。

　　Kafka 是 LinkedIn 用于同时支持日志数据的在线实时处理和离线的日志数据分析的分布式消息队列。Kafka 对消息的顺序、错误、丢失等没有严格的要求，提供至少一次的分发机制，有的消息会被重复分发。

HStreaming 是一个建立在批处理的 Hadoop 之上的可持续、可扩展并提供实时流计算服务的数据分析系统，通过利用用户已经编写好的 Pig 脚本和 MapReduce 算法进行流处理。

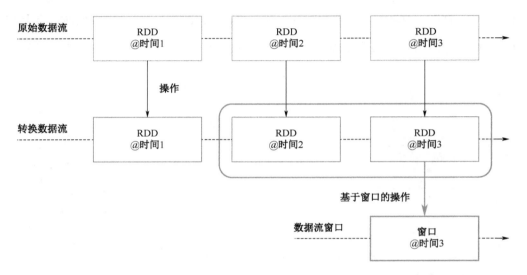

图 3-3　Spark Streaming 结构图

Esper 引擎用在对事件进行分析并做出反应等实时性要求较高的系统中，事件驱动应用服务器将从关系数据库查询中获取的数据和事件信息结合起来，在事件流上执行临时的匹配和关联关系操作，如图 3-4 为 Esper 架构图。

S4（Simple Scalable Streaming System）是一个分布式流处理引擎，S4 将一个流抽象为由（键、属性）形式的元素组成的序列。S4 与 Storm 最接近，两者的最大区别在于 Storm 能保证每一条消息会得到处理，而 S4 则不能保证。

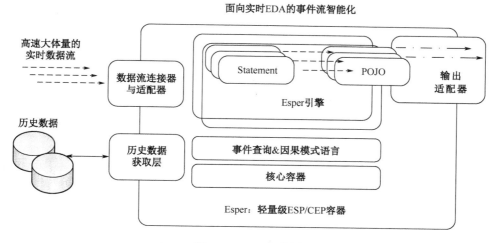

图 3-4　Esper 架构图

　　数据世系是指数据流的产生，并随时间推移而演化的整个过程，现有研究较少，这与大数据背景下的数据流自身的特点有关。首先，由于数据流的到达速度非常快，人们如果对庞大的数据流中各个元素一一进行标注和保存，势必会给系统的吞吐量造成一定影响；其次，大数据背景下的数据流通常只能扫描一遍，这从某种程度上限制了流数据世系的形式；再次，数据流算法都是在内存中进行运行的，在大数据流背景下，维护世系是一件很费存储空间的任务；况且，流数据世系应该满足能够实时响应用户的各种查询；最后，流数据常常是有时间限制的，有时候虽然数据过期了，但是世系却不一定过期。

　　综上分析可见，在流数据应用场景下进行世系分析和管理是一项极富有挑战的任务。对流数据世系的研究刚起步，有人认为，对于给定的流数据模式信息，可以通过对数据实例进行标注来表示流数据的世系，源数据项可以作为标注信息，甚至源数据项的一个链接也可以作为标注信息。这种方式对于小规模的简单应用，通过一一标注源数据项的方式是可行的，但在大数据背景下是不适用的。

3.3 基于不确定数据的数据流追溯方法的研究

3.3.1 不确定数据

传统数据的存在性和精确性确定无疑，这类数据被称之为确定性数据（deterministic data）。不确定数据是与确定性数据相对的一类数据，是一种新型的数据，与概率值关联。不确定数据在物联网、军事、电信等领域广泛存在，其产生的原因多样，主要有以下方面。

（1）原始数据不准确。主要表现在由于设备或是仪器本身的精度原因，导致采集到的数据不准确，存在一定的误差；在利用无线网络进行数据传输的过程中，传输结果受网络带宽、节点能量、延时、周围环境等多种因素的影响，从而影响最终结果的准确性。由于传感器感知域的局限性，从而造成获取信息的不全面性，导致最终获取数据的不确定性。

（2）出于某种隐私保护或是满足特殊目的的应用。例如在军事方面或是基于位置的服务（Location Based Service，LBS）的隐私保护方面，最终只能获得模糊的数据。此外，某些时空映射失真会造成信息时空关系不一致。

（3）数据粒度的转换。将原来细粒度的数据转变为粗粒度的数据，这样就会导致最终结果的不准确。

（4）缺失值处理导致的结果。由于风吹、日晒、雨淋等会导致设备出现故障、历史数据丢失等，产生了缺失值，导致最后的结果包含不完整的信息，对于缺失值的处理从某种程度上改变了数据原始的特征分布。

不确定数据按照不确定性所在的层次可分为属性级不确定数据（attribute-level uncertainty model）和元组级不确定数据（tuple-level uncertainty model）。在属性级模型中，概率数据库包含一个 n 个元组的表，每个元组有一个或多个属性值不确定，该属性值的分布是由离散概率或连续的概率密度函数来描述的。在元组级模型中，每个元组的属性是固定的，但整个元组可能出现，也可能不出现。不确定数据按照数据取值方式还可分为离散型不确定数据和连续型不确定数据。

不确定数据管理技术是近年来新兴的数据管理技术，其主要的研究内容包括不确定数据模型的定义、查询的研究和挖掘技术。其中，不确定数据模型的定义主要通过现有关系数据模型添加不确定数据表示方法，给出了不确定数据的形式化描述；不确定数据查询研究的是不同类型的不确定数据模型上的查询、索引、聚合、OLAP等数据管理手段；不确定数据挖掘研究集中于不确定模型基础上的数据的聚类、分类、频繁模式挖掘、离群点检测等。

不确定数据管理相对于传统的数据管理技术的优势主要在于以下方面。

①　可以做到信息保存的最大化，可以最为客观地描述真实世界。对于传感器采集的或数据加工过程中产生的不精确数据，相较于以往使用的数据清洗技术，使用不确定数据管理技术可以最大限度地保存数据的分布特性，从而减少信息丢失。

②　可以进行推理和预测。不确定数据管理技术注重存储和使用数据之间的关系，这种推理操作带来的特性就是对不确定数据本身的推理和预测能力。

③ 不确定数据的表示更利于数据的进一步抽象，往往通过不确定数据的挖掘技术获得更多层面、更多内容的有用信息。

传统的数据模型无法准确地描述不确定类型数据，可能世界（Possible World）模型是描述不确定类型数据的通用模型。该模型包含若干个可能世界实例，在各个实例中，一部分元组存在，剩余元组不存在。可能世界实例的发生概率等于实例内元组的概率乘积和实例外元组的不发生概率的乘积之积。所有可能世界实例的发生概率之和等于 1。

以图 3-5 为例来说明可能世界实例的发生模型。输入数据序列是三个相互独立的元组，在时间 T_1、T_2、T_3 时刻，红球、黄球、蓝球存在概率分别是 0.6、0.5 和 0.4，颜色表示各元组存在时的属性值，共有 $2^3 = 8$ 个可能世界实例，各实例的发生概率依赖于所包含的元组集合，则可能世界实例的发生概率如图 3-5 所示。

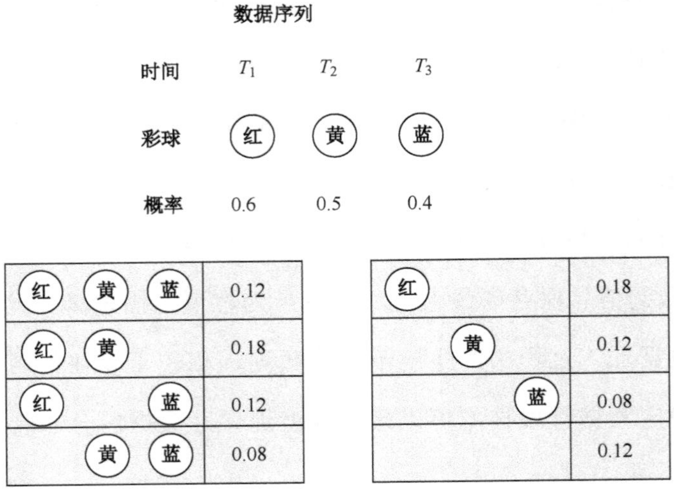

数据序列

时间	T_1	T_2	T_3
彩球	红	黄	蓝
概率	0.6	0.5	0.4

红	黄	蓝	0.12
红	黄		0.18
红		蓝	0.12
	黄	蓝	0.08

红		0.18
	黄	0.12
	蓝	0.08
		0.12

图 3-5　可能世界实例的发生模型

不确定数据管理技术使用概率分布作为数据的基本表示手段，其在查询方面存在有效的渐进算法，与概率推断和贝叶斯可信网络方法相比，有效率和管理方式上的优势。其推理能力可以用于解决追溯单元的信息混合问题。

3.3.2 数据溯源

数据溯源一词最早诞生于 20 世纪 90 年代，不同的文献对其有不同的翻译，例如，数据起源、数据世系、数据来源、数据志等。在不同的领域有不同的定义，而且也有不同的术语，如 Data Lineage、Data Provenance、Data Parentage、Data Derivation、Data Pedigree 等。

1991 年，人们对 GIS 中的数据世系（Data Lineage）进行了定义，认为数据世系是关于这个数据项的原始数据和转化过程的信息。之后将数据世系定义为包括数据起源和数据演化过程的数据处理历史的信息集合。但仅从数据库应用的角度出发对其进行了定义，认为数据世系是数据项在不同数据库中的处理过程是不全面的，之后将其定义为衍生信息，涵盖了从元数据到最终数据阶段。直至 2003 年，人们又对其进行了扩展，认为它是一种元数据，用于记录工作流演变的过程、注释、实验过程等。

在以前研究的基础上，我们把数据从产生到消亡的生命周期内，随时间的变化而不断动态推移演化的过程信息称之为数据世系。数据世系不仅包括单一数据库的内在世系，还包括跨数据库的世系。对于侧重于追踪数据库中数据项来源的，我们将其称之为静态源数据信息；对于包含更加丰富的元数据信息，侧重于描述各种不同应用中数据来源和演化过程信息的，我们将其称之为动态源数据演化过程。

由先前研究可知，数据世系有如下作用：可用于进行数据质量的评估、对数据来源进行审计跟踪、再现数据的产生过程、出现错误时快速定位错误的位置，有利于重构数据或者试验过程，从而实现流程优化。

但目前对数据世系的研究主要集中在数据库、工作流及其面向服务的体系架构应用领域，提出的所谓数据溯源模型和框架都存在一定的局限性，都是在一个封闭的系统内部实现数据的溯源管理。具体情况如表 3-1 所示。

国内外的追溯体系主要是应用在农产品、食品等方面，面向加工企业、养殖场、产品销售建立的跟踪和追溯，解决其质量安全问题。

如表 3-1 所示，数据流的计算过程一般由以下三个过程构成：顺序过程、混合过程、分发过程等。当前的追溯系统普遍将以上三种结构进行综合，使用网状的追溯模型。系统通过 EPC 条形码、RFID 等技术记录农产品的加工和销售过程，从而达到溯源的目的。

表 3-1 数据世系研究项目

系统名或项目名	追踪方法	处理架构	描述
SPIDER	注释	数据集成	用于提取、理解、调试模式映射的工具
WHIPS	注释	数据仓库	在数据仓库环境下进行世系追踪的系统
DBNotes	注释	关系数据库	在关系数据库基础上的一个注释管理系统
Mondrian	注释	关系数据库	扩展 DBNotes 中的注释的一个管理系统
Perm	逆查询	关系数据库	通过运用查询重写技术来追踪数据世系
Tioga	注释	关系数据库	是一个细粒度的数据世系管理系统
Chimera	注释	SOA	表示和查询数据世系的虚拟数据网格原型系统
CMCS	注释	SOA	以信息技术为基础合成多尺度信息的化学科学知识库
The EU Provenance Project	注释	SOA	基于 SOA 的世系查询系统
My Grid	注释	WFMS	面向生物领域的工作流管理系统
Kepler	注释	WFMS	生物科学背景下的工作流管理系统

续表

系统名或项目名	追踪方法	处理架构	描述
PASOA	注释	WFMS	在工作流环境下对数据及服务的质量和准确性进行跟踪
Vistrials	注释+逆查询	WFMS	一个支持数据可视化、探索的工作流和世系管理系统
Taverna	注释+本体	WFMS	设计和执行创建的工作流

目前，有针对畜产品养殖、生产、屠宰、储运、销售、检疫的追溯系统；也有保证畜产品质量安全的生产供应链的完整追溯系统，但所有的追溯系统仅可实现一定程度的追溯，其追溯的精度（即确定问题源头的能力）低，召回的成本较高，信息粒度只是停留在粗粒度的层面上，而粒度的粗细，既反映了可追溯单元的大小，又影响着追溯求解问题的有效性。当前研究的追溯系统缺乏对于细粒度层面的追溯，如谷物加工中的颗粒状物混合、数据流中的元素混合等，对于这样的问题，没有定量追溯评价模型，不能进行快速有效追溯。

综上，现有追溯模型是建立在可追溯单元不可拆分，并且可以唯一标记的情况下，无法精确标记每个可追溯单元的生产加工过程。这种情况在数据流混合过程、颗粒状的饲料加工中出现最为频繁。在针对数据流混合过程的追溯问题中，由于在数据流加工过程中出现了追溯单元的拆分和重组，最终向用户提供信息时，现有模型只能提供数据流混合之后的信息，而数据流加工过程中产生的数据流的混合和重组的关键信息，是无法使用现有追溯系统进行有效追溯的。当出现问题时，也就无法进行推断。

3.3.3 数据流集成处理过程

目前的数据流集成方法关注数据的最终结果，却忽略了数据流的中间处理过程。实际上，中间数据集对于分析数据产生和演化的过程，进而评价数据的质量，乃至修正数据结果尤为重要。

本章将以数据流计算过程中的追溯为例，为解决数据流追溯中可追溯单元不能一一标识而必须对数据流混合进行定量追溯查询的问题，在追溯模型中引入不确定数据以描述数据流追溯中的拆分和组合过程，提出了一种基于不确定数据的数据流追溯方法。

追溯模型的主要功能包括产品流通过程中的信息存储和流通信息的查询，与此对应的，追溯模型的研究可以分为两个方面：数据模型的搭建和追溯查询的设计。为了更好地说明整个流程，我们将首先分析数据流的计算过程。

通常，数据流的计算从采集到分发需要经历数据流采集、数据流混合、数据流分发等过程。其中，有的实验的数据流混合过程有可能多次进行。

图 3-6 展示了一个典型的数据流混合过程，并且设定了每个环节之间数据流的来源关系。现有的追溯系统可以很好地解决确定性数据从采集到最终分发的追溯问题，但这并不适用于数据流的情况。由于数据流的固有特性，因此，在数据流混合环节不能对数据流中的各个元素一一进行标注和保存，从而会破坏最小可追溯单元，导致现有的追溯系统会在这里产生"断层"，这就需要一种全新的手段对数据流集成加工的信息进行表示。

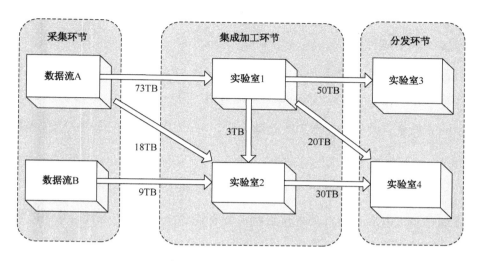

图 3-6　数据流集成处理链

为了方便下面的论述，在此定义数据流追溯的相关概念。

定义 3-1　供应链 SC

数据流集成处理链记录数据流的采集和加工过程，这里使用有向图结构描述实体在其中的流通关系。图结构以追溯涉及到的数据流集成处理的所有信息记录的环节为点，以其中的流动过程为有向边，形成的有向无环图作为实物流通的网络。

定义 3-2　可追溯单元 M

可能需要重新获得其历史、应用或位置信息的物理实体。一般选择数据流集成处理链中最小流动的单位作为可追溯单元，以保证历史信息的完整。

定义 3-3　节点 v

数据流集成处理链中进行信息记录的关键环节。它直接表示了可追溯单元流通经过的不同的加工处理或环节。每个节点有唯一标识 id。节点集包括开始节点集合 S 和终止节点集合 T。单个节点使用 v_i 表示，单个开始节点或终止节点分别使用 s_i 和 t_i 表示。

定义 3-4 对应关系 R

可追溯单元的各个节点之间的对应关系信息。这种对应关系可以表示为三元组的形式：$R<v_i.\text{id}, v_j.\text{id}, p>$，$v_i.\text{id}$ 为来源节点的唯一标识，$v_j.\text{id}$ 为去向节点的唯一标识，p 为模型的概率参数。在数据库中，实体对应关系以节点-入边对的形式进行存储，对于数据流集成处理链 SC 中的每个节点，在已知节点的标识的前提下，上述对应关系可以通过建立一个对应关系表 $R<\text{pre}, p>$ 进行存储，其中 pre 代表入边的来源节点。模型的输入参数包括数据流集成处理链 SC 的节点信息 v 和节点之间的对应关系信息 R。数据流集成处理链的节点代表了相关数据流的产生和加工的所有参与者。节点间的对应关系描述了流通关系。概率参数 p 是模型重要的输入参数，描述了某个节点的特定的可追溯单元 M 来自该节点上不同入边的可能性，在直观意义上，对于来自不同数据源的同种类型数据流，p 是混合的加工过程中不同数据流的"量比"。

参数 p 的确定也和混合加工的类型有关。如果是同一来源的数据流混合操作，使用数据量作为度量单位。如果是不同来源的数据流混合操作，则需要使用带权重的度量方法。权重代表不同来源对指定环节的重要性，取值需要依赖经验值。节点 k 的概率参数的计算方法如下。

$$p_{ki} = \frac{w_{ki}m_{ki}}{\sum_{i=0}^{n} w_{kj}m_{kj}} \tag{3-1}$$

其中，p_{ki} 为节点 k 的第 i 个概率参数，n 为来源数，m_{ki} 及 m_{kj} 为节点 k 中来源于 i、j 的数据流的总量，w_{ki} 及 w_{kj} 分别为 m_{ki} 及 m_{kj} 对应的权重，且总和为 1。本章中涉及的均匀混合直接使用总量作为度量，所以权重 $w_i = \frac{1}{n}$。

　　此外，为了保证每个加工环节提供的参数 p 和本身的利益无关，总是在集成处理链中采用由末端向来源方向指认的方式。

　　这里，将以上定义应用到本章 3.3.3 节提到的数据流集成加工模型中，如图 3-7 所示，节点 1 到 6 为数据流集成处理链 SC 上的所有节点。1、6 两个节点为数据流集成加工中的数据采集来源，2、5 两个节点为数据流集成加工环节，节点 3、节点 4 为最终数据流的使用者。节点 2 使用来自节点 1 的数据流，经过加工后分发给节点 3、节点 4，同时也分发到节点 5，节点 5 后只有节点 4，节点 4 通过节点 2、节点 5 获得同类数据流后混合进行使用。$e_i(i=1,2,3,\cdots,6)$ 表示数据流的流动方向。节点 5 从节点 1、节点 6、节点 2 获得数据流进行混合后，再流通到节点 4；节点 4 从节点 2 和节点 5 获得数据流，进行混合。

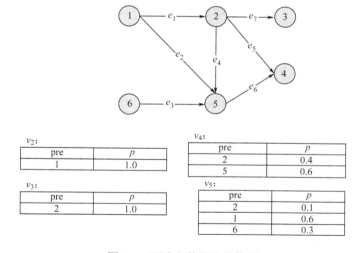

图 3-7　不确定数据追溯模型

　　对于某些加工和分发过程，如节点 2、3，只存在单一的来源，故只需要标记单一来源的概率为 1。对于节点 5 这种存在多种来源的节点，需要分别统计一次混合操作中来自节点 1、2、6 的数据流量的配比，由于实例中的数据流容量分别为 18TB、3TB、9TB，故模型中的概率数据 p 分别为 0.6,0.1,0.3。节点 4 从节点 2、节点 5 中分别获得数据流容量为 20TB 和 30TB，那么可确定节点 4 的概率数据 p 为 0.4 或 0.6。

3.3.4 基于不确定数据的数据流追溯查询

基于不确定数据的数据流追溯查询的任务主要是查询数据流的来源和整个数据流集成加工过程的历史记录。引入不确定数据后，我们将完成以下工作。

（1）判断每个节点对指定最终实验结果的影响。

（2）同样已知最终实验结果的优劣，推断指定来源和加工环节出现异常的可能性。

追溯系统中，通过对整个模型的遍历可以完成追溯模型的查询，由此我们可以知道不同来源的数据流和不同的加工环节对最终的数据质量的影响程度。

基于不确定数据的数据流追溯查询遍历算法如表 3-2 所示。

表 3-2 基于不确定数据的数据流追溯查询遍历算法

QUERY-PROB (G , v' , p' , s_{res} [])
Input：不确定数据追溯模型 G ，目标点 v' ，当前概率 p' ，结果集 s_{res} 1）找到 v' 的前驱节点集合 L [] 2）if L 为空 3）return 4）for L 中的每一个节点 u

续表

5）	将 u 对应的概率 p_u 作为 v' 的前驱对应的概率 p
6）	$s_{\text{res}}[u]+ = p' * p_u$
7）	QUERY－PROB $(G, u, p' * p_u, s_{\text{res}})$
8）	return

目标点 v' 为数据追溯模型的终止节点 T 之一，对应了具有相同加工过程的一类数据流。这里引入"当前概率 p'"是为了使用递归操作。

QUERY－PROB 过程首先指定概率 $p'=1.0$，并在遍历整个数据模型 G 的过程中，将每个节点的概率存储在结果集 s_{res} 中。在通过不同的路径计算同一个节点的概率的"贡献"时先分别进行计算，之后进行累加。

仍以图 3-7 为例说明查询过程。$e_1,e_2,e_3,e_4,e_5,e_6,e_7$ 为描述实体组合和拆分事件的随机变量；v_2,v_3,v_4,v_5 分别是 2,3,4,5 四个节点的对应关系表；p 是使用上文提到的概率参数。如果 M 通过节点 3 离开数据流集成处理链，则模型会退化成为确定数据的追溯模型，由以上算法，通过遍历边 e_7,e_1 得到 $P(v_2)=P(v_1)=1.0$，此时模型并不能反映额外信息。但如果假设查询的 M 通过节点 4 离开数据流集成处理链，那么 QUERY－PROB 方法会以深度优先的方式，以顺序 $e_5,e_1,e_6,e_4,e_1,e_2,e_3$ 遍历数据模型 G，计算每一个节点的概率。

表 3-3 展示了 QUERY－PROB 方法完整计算 M 经过节点 4 离开数据流集成处理链的情况。

表 3-3　一般追溯查询计算过程

步骤	遍历节点	结果集 s_{res}
1	4	$P(v_1)=0, P(v_2)=0, P(v_3)=0, P(v_4)=1.0, P(v_5)=0, P(v_6)=0$

步骤	遍历节点	结果集 s_{res}
2	2	$P(v_1)=0, P(v_2)=0.4, P(v_3)=0, P(v_4)=1.0, P(v_5)=0, P(v_6)=0$
3	1	$P(v_1)=0.4, P(v_2)=0.4, P(v_3)=0, P(v_4)=1.0, P(v_5)=0, P(v_6)=0$
4	5	$P(v_1)=0.4, P(v_2)=0.4, P(v_3)=0, P(v_4)=1.0, P(v_5)=0.6, P(v_6)=0$
5	2	$P(v_1)=0.4, P(v_2)=0.46, P(v_3)=0, P(v_4)=1.0, P(v_5)=0.6, P(v_6)=0$
6	1	$P(v_1)=0.46, P(v_2)=0.46, P(v_3)=0, P(v_4)=1.0, P(v_5)=0.6, P(v_6)=0$
7	1	$P(v_1)=0.82, P(v_2)=0.46, P(v_3)=0, P(v_4)=1.0, P(v_5)=0.6, P(v_6)=0$
8	6	$P(v_1)=0.82, P(v_2)=0.46, P(v_3)=0, P(v_4)=1.0, P(v_5)=0.6, P(v_6)=0.18$

获得以下结果：$P(v_1)=0.82$，$P(v_2)=0.46$，$P(v_3)=0$，$P(v_4)=1.0$，$P(v_5)=0.6$，$P(v_6)=0.18$。由于只有一个终点，所以，源头节点的概率和 $P(v_1)+P(v_6)=1.0$。

通过这个结果，可以直观地看到追溯系统中每个环节及每个源头对最终数据质量的影响。例如，来源 v_1 的数据流质量对 M 的最终质量影响最大，同时中间集成环节 2 对 M 的数据质量很关键。

3.3.5　单节点出错推断

本节通过终止节点集合 T 的数据质量情况，推断追溯模型中的异常节点，并讨论这种推断的适用条件。

仍然使用数据流集成加工的例子，并且使用图 3-7 中的模型。在这个模型中，根据数据流的流通方向，我们很容易得到以下结论：如果节点 4 的数据质量出现问题，而节点 3 正常，那么节点 5、节点 6 就有较高的出错概率。以下单出错节点评价就是通过这种思想实现的。

如果对节点 3、节点 4 进行抽检，得到两者的数据合格率，便可以通过先前的节点遍历方法 QUERY – PROB 获得每个环节对最终节点的影响，从而判断出最有可能出错的单个生产或加工环节。

单出错节点推断算法如表 3-4 所示。

在该方法中，s_{tmp} 为计算得到的所有终止节点错误率，s_{err} 为真实的所有终止节点错误率。通过假设每个节点 v 出错，之后计算终止点的错误率 s_{tmp} 作为参考，最后计算 $s_{tmp}[t]/s_{err}[t]$ 的方差，作为与真实情况偏差的估计，计算得到的方差较小的节点 v 具有较高的可能性。

表 3-4　单出错节点推断

VERTEX-INFERENCE(G , s_{err} [])
Input：数据模型 G，终点的错误率集合 s_{err} []，引入错误率 e_{in}
Output：节点可能程度的列表 $< v, D >$
1) $T[\ ] \leftarrow G$ 的终止点集合
2) for G 中的每一个点 v
3) 新建集合 s_{tmp} [] 存储估计的错误率
4) 新建 s_{ret} [] 存放节点 v 对节点 t 的影响
5) for 对于终点集 T 每个终止点 t
6) QUERY – PROB $(G, t, e_{in}, s_{ret}$ [])
7) $s_{tmp}[t] \leftarrow e_{in} * s_{ret}[v]$
8) sum = 0
9) D 存储 $s_{tmp}[t]/s_{err}[t]$ 的方差
10) for t in $T[\ ]$
11) $\{ V_{sum} \leftarrow V_{sum} + s_{tmp}[t]/s_{err}[t] \}$

12）$V_{avg} \leftarrow V_{sum} / (size\ of\ s_{err}[])$
13）for t in $T[\ ]$
14）$\quad \{ D_{sum} \leftarrow D_{sum} + (s_{tmp}[t] / s_{err}[t] - V_{avg})^2 \}$
15）$D[v] \leftarrow (1 / (size\ of\ s_{err}[\ ])) * D_{sum}$
16）通过 D 为 $<v,D>$ 排序
17）return $<v,D>$

仍然利用 3.3.4 节的例子作为这一方法的实例。图 3-8 分别计算了当节点 1、节点 2 出错时，节点 3、节点 4 的错误率。这里定义记号 $F_i(v_j)$ 为节点 i 对终止节点 j 的影响，注意到 $F_i(v_j)$ 为表 3-2 算法的计算结果，且意义不同于表 3-3。设定节点的错误率 e_{in} 均为 1.0。节点 1 出错时，由表 3-2 算法可知 $F_1(v_3) = 1.0$，$F_1(v_4) = e_{in} * P(v_1)$ $= 0.82$，故 $s_{tmp} = \{1.0, 0.82\}$；节点 2 出错时，由表 3-3 中的计算结果可知 $F_2(v_3) = 1.0$，$F_2(v_4) = e_{in} * P(v_2) = 0.46$，故 $s_{tmp} = \{1.0, 0.46\}$。假设测得节点 3、4 的真实错误率 $s_{err} = \{0.2, 0.164\}$，那么节点 1 出错导致 $s_{tmp}[t] / s_{err}[t]$ 的均值 $E = 0.5 \times (1 / 0.2 + 0.82 /$ $0.164) = 5$，方差 $D = 0$，节点 2 出错导致 $s_{tmp}[t] / s_{err}[t]$ 的均值 $E = 0.5 \times (1 / 0.2 +$ $0.46 / 0.164) = 3.9$，方差 $D = 0.5 \times [(5 - 3.9)^2 + (0.46 / 0.164 - 3.9)^2] = 1.21$，节点 1 上的方差小于节点 2 上的方差，可以认为节点 1 更有可能是出错节点。

这里需要进一步说明以下两个问题。

（1）在步骤 13 中将影响程度直接赋值给 $s_{ret}[]$，是利用了"节点重要程度"和"出错导致的影响大小"之间的线性关系，且为了简化计算，假设错误率 e_{in} 为 1，即某个节点的数据全部出错。

（2）以上方法存在一定的适用范围。

　　对于问题（1），出错率只会在步骤 7 参与一次乘法操作，而最终结果 D 中，错误率 e_{in} 会以系数的形式出现，显然不会影响最终的排序结果。对于问题（2），存在使以上方法失效的反例。如图 3-9 所示，倘若所有边上的概率为 0.5，那么对于节点 2 和节点 3 的计算将变成无差别的，此时，上述方法不能确定出错节点。

　　暂时不考虑以上方法的适用范围，进一步考虑如下问题：当出现多个问题节点时，推断是否还可以进行，推断是否有条件？以下将对这个问题进行分析。

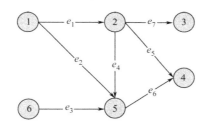

v_2:

pre	p
1	1.0

v_3:

pre	p
2	1.0

v_4:

pre	p
2	0.4
5	0.6

v_5:

pre	p
2	0.1
1	0.6
6	0.3

节点1上出现问题时

节点	错误率
3	1.0
4	0.82

节点2上出现问题时

节点	错误率
3	1.0
4	0.46

图 3-8　引入错误

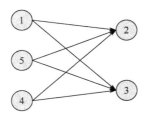

图 3-9　失效情况

3.3.6　多节点出错推断

多个错误节点的推断不同于单个错误节点，由于每个节点出错对最终节点的影响不是独立的，如果多个错误节点的错误率不相同，那么特定的组合会"遮盖"最终结果。所以不能直接使用上述评价单点和线性叠加的方法评价多点，但是可以考虑使用 3.3.4 节提到的 QUERY–PROB 方法计算每个节点对于终止点集合 T 影响的比重，但是需要对数据模型 G 做相应的改动，如图 3-10 所示。

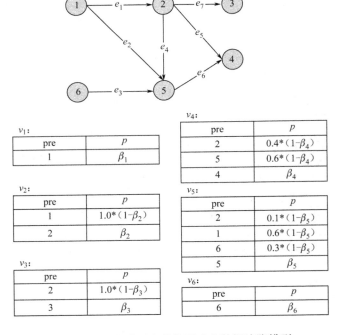

图 3-10　包含错误参数的不确定数据追溯模型

引入节点错误率的概念：节点错误率代表了节点在数据流集成处理链中的出错率，是该方法的求解目标。设每个节点的错误率为 $[\beta_1, \beta_2, \cdots, \beta_m]$，如图 3-10 所示，

错误率 β_i 将以参数的形式添加到每个节点的入边表上，以自环的形式表示每个节点都可能携带一定错误。改写的模型运行 QUERY − PROB 方法之后，将得到每个终止节点的"成分"，即每个节点引入的错误量的比重。这里，对于每个终止节点，将所有错误量相加，会形成一个计算得到的错误向量，这个向量和真实值的错误率相差越小，就越有理由相信之前的 $[\beta_1, \beta_2, ..., \beta_m]$ 估计是正确的，以下给出符号定义。

设数据模型 G 有 m 个节点，源节点 S 和终止节点 T 的个数分别为 k 和 l。设每个节点的错误率为 $B = [\beta_1, \beta_2, ..., \beta_m]$，定义 $[e_1, e_2, ..., e_l]$ 为 l 个终止节点的真实错误率，对于终止节点，定义 $P_i = [p_{i1}(\beta_1), p_{i2}(\beta_2), ..., p_{im}(\beta_m)]$ 为以 B 为参数的终止节点包含的错误成分。

因此，多个错误节点的推断问题可以看做一组参数 B，使每个终止节点错误率的计算值和真实值的差别 $R = \sum_{i=1}^{l} [\sum_{j=1}^{m} p_{ij}(\beta_j) - e_i]^2$ 最小。

3.4 相关研究比较

综上，基于不确定数据的追溯模型与现有模型相比，具有以下优势。

（1）现有的追溯系统只能向最终消费者提供可追溯单元不可拆分的信息。文中模型可以提供包括混合过程在内的完整信息。

（2）在出现不合格产品或数据出错的情况下，且当生产链中只有顺序加工和分销环节时，现有追溯模型可以通过所有种类的产品信息对异常环节进行推断。基于不确定数据的追溯模型将这一功能推广到了具有混合过程的生产加工链中。

欧盟食品追溯 trace 项目下的建模工具 tracecore 和分布式供应链追溯模型是现阶段较为完善的追溯模型，这里将基于不确定数据的数据流追溯模型与欧盟食品追溯模型、分布式供应链追溯模型做对比，对比结果如表 3-5 所示。

表 3-5　几种追溯系统对比

对比项	欧盟食品追溯 Tracecore 模型	分布式供应链追溯模型	基于不确定数据的追溯模型
追溯过程中的信息流	路径信息、实体信息	路径信息、实体的结构信息	路径信息
实体在数据库中的表示方式	半结构化文档和数据库	数据库中的一组数据，包括关系信息	数据库中的一组数据，包括概率信息
最小可追溯单元可拆分的追溯	不能表示	如果实体存在混合则不能正确表示	可以完整表示
最小可追溯单元不可拆分的追溯	可完整表示	可完整表示	可部分表示，通过附加描述信息可完整表示
追溯得到的信息	产品加工路径	产品加工路径	产品加工路径、节点信息
效率	较高	一般	一般
是否可推断异常节点	否	否	是
侧重点	模型在农产品领域的通用性、全面性和规范性	对产品自身结构的完整描述	对农产品的记录和出错预警、推断能力

3.5　本章小结

本章针对大数据背景下的数据流混合的过程中，现有追溯系统不能很好地表示带有拆分和组合环节的复杂的追溯过程这一问题，首先分析了现有研究对数据流的产生，并随时间推移而演化的整个过程研究较少的原因，在此基础上，介绍了不确定数据及其相关性质，接着介绍了数据溯源的相关概念及应用，指出当前的追溯系统的信息粒度只是停留在粗粒度的层面上，影响着追溯求解问题的有效性。在上述基础上，将不确定数据的性质引入到追溯过程中，提出了一个基于不确定数据的数据流追溯模型。利用不确定数据的基本表示和查询方法，完成了数据流追溯模型中的一般查询、节点评价和异常节点推断功能。

最后，对基于不确定数据的数据流追溯模型中多异常节点的推断问题进行了讨论，给出了一个初步的求解方法，但由于问题本身属于非线性规划，故还需要对其进行进一步研究。

第4章 数据流预测方法的研究

4.1 简介

随着物联网技术、传感器技术、无线通信技术的发展，人们利用传感器，设置一定的采样区间对作物的实时生长状况、畜禽的养殖环境等进行实时监测，通过传感器获得感知数据，对于获得的数据流采用一定的算法进行数据的挖掘与分析，从而找出事物内在关联，发现问题的所在，进行相应的改进与完善。大数据最重要的价值就是基于不断产生的数据，预测未来，因此大数据预测是大数据的核心，大数据预测有实际样本不等于全体样本、相关而非因果、效率而非精确的特征。

目前，智慧农业、精准农业下传感器采集到的数据流都是与时间属性密切相关的时间序列数据流，换句话说，数据流是一系列快速、按时间先后顺序到达的数据项组成的有序序列集合，例如，传感器数据、气象数据、股票价格、交通数据等。对实时数据流的未来趋势的预测具有重要的现实意义，以农业领域为例，猪舍内不断产生有害气体，这种有害气体不断地积累，使得当猪处于含有低浓度的有害气体环境中，会导致猪出现不易察觉的不良症状，长此以往，会导致猪免疫力降低、发病率升高、进食减少、增重缓慢，甚至是慢性中毒，从而给农业生产带来巨大的经济损失。但在安放了传感器网络的猪舍环境监测系统中，管理者可以通过系统对监测的环境数据流挖掘分析，实时地预测猪舍未来的温度、湿度、有害气体浓度等环境因子的状况，从而确定在未来一段时间内，猪舍内是否会发生异常事件，及时做出相应的调控，既为畜禽提供了舒适的养殖环境，又将农业经济损失降低到最小。

猪舍中传感器采集到的数据流是随时间变化的一系列时间序列数据流，人们对该时间序列数据流进行分析的目标是为了对未来趋势进行预测的。所谓的数据流预测就是利用当前的数据及其与当前的数据接近的历史数据来预测未来数据，但由于数据流本身的特性，使得数据流在以下几个方面有别于传统的数据库中的静态数据。

（1）数据流的数据项瞬息万变，而数据库中的数据项是静态数据。

（2）数据流上的查询结果都是非精确查询，而数据库上的查询为精确查询。

（3）数据流上的查询方式为连续查询，查询随着新数据的到来源源不断地返回新的结果，而数据库上的查询为一次性查询，当系统处理一个查询时，需处理完所有的数据，然后将精确的查询结果一次性地返回给用户，之后这个查询将不再有效。

（4）数据流上的数据更新频率高，而数据库中的数据更新频率较低。

（5）数据流中的数据只能在缓存或是内存中存储，而数据库中的数据则是在磁盘或是内存中存储。

（6）数据流要求实时响应处理，而数据库要求非实时响应。

因此，传统的数据库管理技术不适用于数据流处理，这就使数据流上的实时预测面临诸多挑战。

由于数据流的持续性、高速性，随着时间的流逝，理论上数据流的数据量可以达到无限大，而数据流实时处理的要求又使系统不能进行开销巨大的磁盘存取，另一方面，系统存储空间的有限性导致无法保存整个数据流，因而，数据流中的数据项只能被读取一次，一旦被处理过，将不能再次重现。也就是说，数据流中的数据不再是从内存和磁盘中随机访问读取的数据，数据流中只有部分数据能被系统保存，并随着新数据的到来而不断地进行更新，数据流系统在大多数情况下无法处理全部的数据。很多情形下，人们为满足数据流实时性的要求，只需得到一定误差范围内的近似结果即可，这就导致了预测的结果并不总是尽如人意。此外，数据流在线处理算法的时空复杂度受到一定的限制，而且，随着时间的流逝，数据流的价值会降低，因此，数据流的实时性一直是人们研究的目标。

表 4-1 给出几种定量预测方法的优缺点对比及其适用范围。

表 4-1　几种预测方法优缺点对比

预测方法	优点	缺点	适用范围
时间序列分析法	充分运用原时间序列的各项历史数据，通过统计分析，进一步推测未来的发展趋势。计算速度快，对模型参数有动态确定的能力，精度较好	对历史数据的依赖性较强，将所有的影响因素归结到时间因素上，只承认所有影响因素的综合作用，未分析和探讨预测对象和影响因素之间的因果关系	适用于短期预测
BP 神经网络预测法	逼近效果好，计算速度快，无须建立数学模型，精度高；理论依据坚实，推导过程严谨，具有较强的非线性拟合能力	无法表达和分析被预测系统的输入和输出间的关系，预测人员无法参与预测过程；收敛速度慢，难以处理海量数据，得到的网络容错能力差	适用于中长期预测

续表

预测方法	优点	缺点	适用范围
回归分析法	研究因素间因果关系及拟合程度	同等对待当前数据与历史数据，缺乏反映趋势的灵活性。出现新数据点时，要对回归方程进行重新估计	适用于中长期预测
灰色预测法	预测所需历史数据少，一般 4 个数据就够；利用微分方程来充分挖掘系统的本质，精度高；能将无规律的原始数据进行生成得到规律性较强的生成数列，运算简便，易于检验	对于波动性不好的时间序列，预测结果较差	适用于短期预测、中长期预测
组合预测法	结合了所组合的各种预测法的优点，可提高预测的精确度，能够较大限度地利用各种预测样本信息，比单个预测模型考虑问题更系统、更全面	由于运用多种预测法，导致过程比较复杂繁琐，对现实中的问题进行分析时，如何确定其具有某种函数关系有较大的难度	适用于需要高精确度预测的情况

综上，数据流实时预测算法受时空复杂度、实时性与精确度等因素的制约，如何在其之间获得一个均衡，通过对实时数据流进行挖掘和分析，从而进行在线预测是一个富有挑战的问题。

传统的统计方法，如线性自回归滑动平均模型、加权移动平均法、指数平滑法等，预测速度快、计算简单、方便实用，对于周期性、季节性等特征平稳的时间序列有较好的预测效果，但对于非平稳序列预测的效果较差，而现实中的数据序列，如气候变化、股价序列、交通序列等都是非平稳的序列。

神经网络预测模型有强大的非线性特征，可以较好地应用在时间序列预测中，其学习函数的逼近能力已较多地应用于时间序列预测，复杂度较大，使用经验风险最小原则也容易造成过拟合而影响网络的泛化能力。

回归分析预测模型，则根据相关性原则，找出影响时序变量的各影响因素，用数学的方法找出这些因素与变量之间的函数关系的近似表达，并利用实际样本数据估计模型参数及进行误差检验，但该方法对历史数据的要求较高，需要大量的样本数据，并且有较好的分布规律。其预测结果由各影响因素决定，一旦某个因素发生结构性变化，模型精度必然受影响，而且影响因素众多。

支持向量回归模型，能实现数据空间到特征空间的非线性变换，采用不同的核函数可满足不同的非线性变换的要求，有很强的非线性拟合能力，可以用于处理非线性回归问题。

目前还没有一种能满足所有需求且效果绝对好的预测方法。现实中，人们根据实际问题进行分析，根据需要采用不同的预测方法，满足应用需求。在传感器获取的实时数据流应用中，对数据流的实时预测不同于一般的时间序列数据，不仅需要考虑资源受限的情况，因为数据项不能多次查找，重复遍历，还要算法能满足自适应地在线实时处理和用户的误差等要求。因此，目前的一些方法还无法直接适用对时间序列数据流执行在线预测，需要专门研究针对这一类问题的数据流预测模型。

4.2　研究现状及存在问题

目前在时间序列数据流领域的相关研究中，已有关注于数据流间的相似性、数据流的异常或数据流模式差异的预测分析理论和方法。

国内，李建中等采用多元回归分析的方法，给出了数据流上的 AVG 聚集值预测模型，提出了一种数据流预测聚集查询处理方法，但该模型只是对线性的数据流预测有较好的效果。贺国光等采用基于小波分解与重构的方法，对分钟级的交通流量序列进行预测，但该方法是针对静态数据序列的预测的，无法得知是否适用于真实的数据流预测。于亚新等将混沌理论中的局域预测方法与数据流预测结合在一起，提出了一种基于混沌理论预测数据流聚集值的新方法。张晗等采用基于小波分解的方法，将非平稳的网络流量时间序列分解为平稳的流量时间序列，最终建立了预测模型，但该研究过多地关注预测结构的准确性，未考虑时空复杂度的问题，并非真正意义上的数据流预测。孙占全等采用基于分层抽样与 k 均值聚类相结合的方法进行抽样，实现了基于支持向量机与抽样相结合的交通流预测，但该方法实际上用的是静态数据，并不是针对动态数据流，因此，能否用于数据流的实时预测有待验证。

国外，Floutos 等提出利用插值技术和回归分析来预测未来 w 步长的顺时数据流的值。Ankur 等提出一种通过采用了卡尔曼滤波技术来对变化的数据流值进行预测的方法。Trudnowski 等采用了不同的预测方法，分别预测了 5min 级别、小时级别的负荷流的变化。Chen 等通过分析输入数据流和负载物理节点间的关系，从传统的分布式流处理网络中抽象出一个位置模型。在此基础上提出一个基于经典的机器学习算法——共享算法的数据流预测模型，新算法利用最近使用过的数据流作为预测资源，高效实现了分布式环境下未来一段时期内单一节点的数据流预测。Telec 等利用神经网络预测数据流，来分析其变化趋势。Wakabayashi 等提出了一个新的时间序列预测技术，使用增量式的隐马尔科夫模型在线训练方法对数据流进行预测。Ma 利用支持向量机能较好地解决小样本、非线性、高维数和局部极小点等优点，将滑动窗口的处理方式和增量在线最小二乘支持向量机算法引入到数据流预测，实现了对时间序列数据流的有效预测。Mimman 等研究了具有多个滑动窗口的数据流挖掘的连续预测，通过多滑动窗口动态分配计算资源，共享多任务，预测每个任务需要的资源，最终实现对数据流的预测。Bosnic 等研究了如何提高数据流预测的准确率和可解释性。He 等设计了一个在分布式环境中能降低通信成本、确保预测准确度的自适应数据流预测模型。

综上所述，由于数据流的来源众多，很多数据流的变化过程随时间的变化呈现出非单调的有摆动的特征，再加上人们对监测到的数据流的最终需求不一，因此，到目前为止，没有一种通用的数据流预测模型。目前，已有的一些研究采用对数据流中数据的瞬时值进行预警调控，这就会存在一些弊端，当某一时刻的数据值为噪声值时，这种瞬时值操作处理方式会直接导致监测与控制系统出现误操作，从而引起其他环境参数的变化，给畜禽养殖造成影响。因此，在实际应用中，应根据需求进行相关的设计和分析，开展数据流上的专用预测模型的研究，动态实时高效地实现对数据流的预测。

项目的背景是在猪舍中安放了多个传感器，通过无线传感网络采集数据流，设定一定的采样频率，对猪舍的温度、湿度、氨气浓度、二氧化碳浓度、硫化氢浓度、光照等进行相应的监测，由于环境的变化，会导致畜禽产生各种应激反应，严重的甚至会引发各种疾病，给养殖户造成巨大的经济损失。例如猪舍中的硫化氢会刺激猪的黏膜，引起肺水肿、眼结膜炎等症状，经常吸入低浓度硫化氢，可导致猪出现植物性神经紊乱。生猪长期处在含有低浓度硫化氢的环境中，会出现体质变弱，免疫力下降，增重缓慢等情况。生猪长期处在含有高浓度硫化氢的环境中，呼吸中枢会受到抑制，引起窒息和死亡。硫化氢浓度达到一定程度，会影响猪的食欲，进而导致增重迟缓。鉴于此，在对畜禽养殖环境状况的数据流监测的同时进行实时预测，从而进行相关调控，使猪只在适宜的环境中生长。本书通过设计相应的预测处理模型来对传感器所感知的数据流的未来发展趋势进行实时预测，不仅有利于人们准确、可靠地了解监测对象的状况，而且对于人们深入了解监测对象的内在规律，及时采取相应的措施具有积极的意义。

4.3 基于灰色模型的数据流预测方法

灰色系统理论是由邓巨龙教授最早提出的，通过对原始数据的收集与整理来寻求其发展变化的规律。灰色系统是指那些对于部分信息未知、部分信息已知或是非确知信息的系统，人们通过对已知信息的研究从而来预测未知的信息。对于模糊数学、概率统计所不能解决的信息不确定、指标信息不完备等问题，灰色模型可通过对表示灰色系统行为特征的原始数据序列做变换，将隐含规律表现得较明显，生成有较强规律性的数据序列，建立相应的微分方程模型，从而预测事物未来发展趋势。

灰色模型具有以下优点：样本的分布不需要有规律性，不需要大量样本，计算工作量较小，可用于近期、短期、中长期预测，预测准确度高。因此，灰色系统理论得到了广泛的推广，不仅被成功应用于工程控制、经济管理、生态系统等领域，而且在复杂多变的农业系统，如水利、气象、病虫害防治等也得到了广泛应用，在预测学、生命科学等领域都有极为广泛的应用前景。

4.3.1 预测查询处理模型

为了方便下面的论述，在此先给出数据流处理中用到的相关概念。

定义 4-1 连续查询

连续查询：传感器网络中，当用户提交查询请求后，在一段时间内周期性地将结果以数据流的形式反馈给用户。

定义 4-2 数据流窗口

在数据流的连续查询中，用户所限定的数据流的查询范围，称之为数据流上的窗口。

定义 4-3 滑动窗口

给定两个时间戳 T_{begin} 和 T_{end}，其中 $T_{end} > T_{begin}$，则 $\left[T_{begin}, T_{end} \right]$ 构成一个时间段，T_{begin} 和 T_{end} 分别被称之为时间段的下界和上界，$T_{end} - T_{begin} = \Delta t$ 为时间间隔，称 Δt 为滑动窗口的更新周期。滑动窗口用于保存最新到达的数据流。

数据流的窗口可划分为历史数据窗口、当前数据窗口、未来数据窗口，图 4-1 所示为传统的数据流窗口的划分。

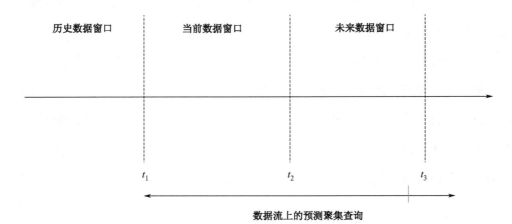

图 4-1　传统的数据流窗口的划分

本章节的预测查询处理模型如图 4-2 所示。

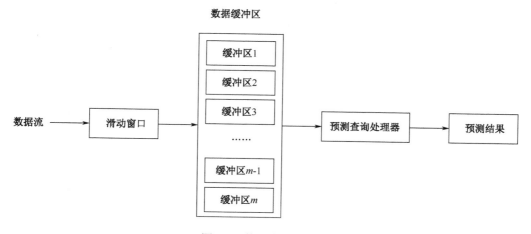

图 4-2 数据流预测模型

源源不断的数据流首先到达基于时间戳的滑动窗口，设置滑动窗口的更新周期为 Δt ，每隔 Δt 时间，滑动窗口进行更新，将该窗口内的数据移到位于内存的数据缓冲区中，滑动窗口继续接收新数据。在系统中共有 m 个缓冲区，编号分别为缓冲区 1，缓冲区 2，…，缓冲区 m ，该缓冲区以循环队列的方式进行存储。

滑动窗口中的数据按照缓冲区编号由小到大进入，缓冲区的编号越大，表示存储的数据离现在时刻越近，数据越新。滑动窗口中元组的个数一定，随着采样频率的变化，滑动窗口的更新周期也随之变化，由于数据缓冲区的大小有限，因此，随着新数据的不断到来，当缓冲区中的数据存满后，每隔一定的周期，数据缓冲区中离现在时间久远的数据会被最先移出。预测查询处理器对用户注册的预测进行查询，并将预测查询的结果实时返回给系统。

为了提高系统的处理效率，数据缓冲区以循环队列的方式进行数据存储，从而降低系统更新开销；在滑动窗口部分采用了链式可重写窗口技术。当窗口已满时，要移入的数据直接覆盖原来的数据，从而不必移动窗口内数据。

数据流的开始时间和当前时间分别为 t_1 和 t_2，且 $t_2 > t_1$，区间 $[t_1, t_2]$ 上包含 n 个滑动窗口，记为 $\text{window}_1, \text{window}_2, \cdots, \text{window}_n$，其中，$n = \dfrac{t_2 - t_1}{\Delta t}$，$n$ 为整数，Δt 为滑动窗口的更新周期。在第 k 个数据缓冲区中存放的是第 $n - m + k$ 个时间间隔的滑动窗口中的数据，其中 $k = 1, 2, \cdots, m$，m 表示数据缓冲区中缓冲区的个数，如图 4-3 所示。

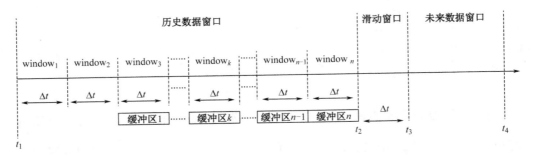

图 4-3　数据流预测窗口示意图

不同的时间段，人们的关注点会有所不同，例如，在当前的一天内人们关心的是某小时环境因子的状态，而在某小时内，人们可能关注的是多少分钟内的变化情况，甚至在某分钟内，人们关注的是多少秒的变化，这些问题反映到时间上，即与人们关注的时间粒度有关系。

时间粒度这一概念，将时间域划分为离散时间域、连续时间域，下面给出二者的相关定义，T 表示时间间隔的一个子集，其中 $T \neq \varphi$。

定义 4-4　连续时间域

当一个时间域是由无穷时间间隔组成的集合，且有 $\forall t_s, t_e \in T$，$t_s < t_e$，都存在 t'，使得 $t_s < t' < t_e$，则称该时间域为连续时间域。

定义 4-5　离散时间域

当一个时间域中除了第一个元素没有直接前驱元素，最后一个元素没有直接后继元素外，其他元素都有直接前驱元素、直接后继元素，则称该时间域为离散时间域。

从时间域的定义可以看出，在粒度空间中，每个较小的时间粒度经过一定周期的时间间隔可以组成较大的时间粒度。从时间粒度的角度分析，预测时间的跨度会对预测的准确率造成一定的影响，因此，需要根据预测的时间跨度采取自适应调整策略。

对数据流中数据值的实时预测需要一种既能反应个体特征，又能反应总体趋势的预测方法。本章节采用基于灰色模型的数据流预测算法，针对时间序列数据流中的数据进行预测，即数据流中某一时刻的值不仅与该数据流前一时刻或是后一时刻的取值有一定的内在关系，还与整个属性的周期性变化存在相关性。

对未来数据窗口的长度 w 与滑动窗口的更新周期 Δt 间的关系分如下两种情况。

当 $w < \Delta t$ ，说明时间粒度相对比较小，采用细粒度进行预测；当 $w \geqslant \Delta t$ ，说明时间跨度相对比较大，采用粗粒度进行预测。所谓的粗粒度和细粒度都是相对而言的，只是表示对于预测的时间跨度取相同的量化级别。

未来数据窗口的长度 $w = q \times \Delta t$ ，利用缓冲区中的数据建立预测方程，从而预测未来包含 q 个 Δt 数据窗口上该属性的属性值。

（1）$w \leqslant \Delta t$ 时，细粒度预测处理如下。

对于 m 个缓冲区，每个缓冲区中随机抽取总体样本的 r 个数据，对于标号为 1 的缓冲区的 r 个样本点，记为 $X_{11}, X_{12}, X_{13}, \cdots, X_{1r}$ ，依此类推，对于标号为 m 的缓冲区的 r 个样本点，记为 $X_{m1}, X_{m2}, X_{m3}, \cdots, X_{mr}$ ；将每个缓冲区的 r 个样本点按照时间先

后顺序依次排列，分别记为

$$X^{(0)}(1) = X_{11}, X^{(0)}(2) = X_{12}, \cdots, X^{(0)}(r) = X_{1r}, X^{(0)}(r+1) = X_{21}, \cdots, X^{(0)}(m*r) = X_{mr}$$

该 $m*r$ 个序列值构成灰色预测模型的初始序列 $X^{(0)}$。

（2）当 $w > \Delta t$，粗粒度预测处理如下。

对于 m 个缓冲区，每个缓冲区中随机抽取总体样本的 r 个数据，对于标号为 1 的缓冲区的 r 个样本点，记为 $X_{11}, X_{12}, X_{13}, \cdots, X_{1r}$，依此类推，对于标号为 m 的缓冲区的 r 个样本点，记为 $X_{m1}, X_{m2}, X_{m3}, \cdots, X_{mr}$。

对每个缓冲区的 r 个样本点求平均，分别记为 $X^{(0)}(1) = \frac{1}{r}\sum_{s=1}^{r} 1s, X^{(0)}(2) = \frac{1}{r}\sum_{s=1}^{r} 2s, \cdots,$

$X^{(0)}(m) = \frac{1}{r}\sum_{s=1}^{r} ms$，该 m 个平均值按照时间先后顺序构成灰色预测模型的初始序列 $X^{(0)}$。

4.3.2　灰色一阶预测模型

灰色预测包括灰色时间序列预测、系统预测、畸变预测、灾变预测等类型。灰色一阶预测模型，常用 $GM(n,1)$ 模型，该模型只研究一个变量，即"效果"的数据序列；当 $n=1$ 时，该模型为一阶预测模型。

$GM(1,1)$ 包括全数据 $GM(1,1)$、部分数据 $GM(1,1)$、新信息 $GM(1,1)$、新陈代谢 $GM(1,1)$。

设原始数据序列为 $Y^{(0)} = (y^{(0)}(1), y^{(0)}(2), \cdots, y^{(0)}(n))$，$n = 1, 2, 3, \cdots, n$。

定义 4-6　全数据 $GM(1,1)$

称用原始数据序列 $Y^{(0)} = (y^{(0)}(1), y^{(0)}(2), \cdots, y^{(0)}(n))$ 建立的 $GM(1,1)$ 模型为全数据 $GM(1,1)$。

定义 4-7　部分数据 GM(1,1)

称用数据序列 $Y^{(0)} = (y^{(0)}(2), y^{(0)}(3), \cdots, y^{(0)}(n))$ 建立的 GM(1,1) 模型为部分数据 GM(1,1)。

定义 4-8　新信息 GM(1,1)

称用数据序列 $Y^{(0)} = (y^{(0)}(1), y^{(0)}(2), \cdots, y^{(0)}(n), y^{(0)}(n+1))$ 建立的 GM(1,1) 模型为新信息 GM(1,1)，其中 $y^{(0)}(n+1)$ 为最新的信息。

定义 4-9　新陈代谢 GM(1,1)

称用数据序列 $Y^{(0)} = (y^{(0)}(2), y^{(0)}(3), \cdots, y^{(0)}(n), y^{(0)}(n+1))$ 建立的 GM(1,1) 模型为新陈代谢 GM(1,1)，其中 $y^{(0)}(n+1)$ 为最新的信息。

已有研究表明，在预测效果上，新陈代谢 GM(1,1)、新信息 GM(1,1) 的预测效果要优于全数据 GM(1,1)，其原因是随着时间的流逝，产生了新的随机扰动，对系统的状态变化产生影响。对于数据流序列来讲，每一时刻的数据都是瞬息万变的，随着时间的流逝，历史数据的影响将会逐渐降低，采用最新的数据替代历史数据，才能更真实地反应系统状态的变化情况。

灰色一阶预测模型的建立过程如下。

（1）对原始数据序列为 $Y^{(0)} = (y^{(0)}(1), y^{(0)}(2), \cdots, y^{(0)}(n))$，$n = 1, 2, 3, \cdots, n$，进行一次累加计算，得到

$$Y^{(1)} = (y^{(1)}(1), y^{(1)}(2), \cdots, y^{(1)}(n)) \tag{4-1}$$

公式（4-1）中，$Y^{(1)}(k) = \sum_{i=1}^{k} y_i^{(0)}$，$k = 1, 2, \cdots, n$。

（2）建立 GM(1,1) 的微分方程：

$$\frac{\mathrm{d}Y^{(1)}}{\mathrm{d}t} + cY^{(1)} = d \tag{4-2}$$

（3）用最小二乘法求得 c 与 d 的估计值

$$\begin{bmatrix} \hat{c} & \hat{d} \end{bmatrix}^{\mathrm{T}} = (\boldsymbol{D}^{\mathrm{T}}\boldsymbol{D})^{-1}\boldsymbol{D}^{\mathrm{T}}\boldsymbol{S}_n \tag{4-3}$$

公式（4-3）中，

$$\boldsymbol{D} = \begin{bmatrix} -0.5(y^{(1)}(1)+y^{(1)}(2)) & 1 \\ -0.5(y^{(1)}(2)+y^{(1)}(3)) & 1 \\ \vdots & \vdots & \vdots \\ -0.5(y^{(1)}(n-1)+y^{(1)}(n)) & 1 \end{bmatrix} \tag{4-4}$$

$$\boldsymbol{S}_n = (y^{(0)}(2), y^{(0)}(3), \cdots, y^{(0)}(n))^{\mathrm{T}} \tag{4-5}$$

（4）解微分方程，求得时间序列预测模型

$$\hat{y}^{(1)}(k+1) = \left(y^{(0)}(1) - \frac{\hat{d}}{\hat{c}}\right)e^{-\hat{c}k} + \frac{\hat{d}}{\hat{c}} \tag{4-6}$$

公式（4-6）中，$k = 1, 2, \cdots, n$，计算拟合值 $\hat{Y}^{(1)}$。

（5）对 $\hat{Y}^{(1)}$ 做一次累减还原，求得

$$y^{(0)}(k+1) = y^{(1)}(k+1) - y^{(1)}(k)，\quad k = 1, 2, \cdots, n-1 \tag{4-7}$$

基于灰色一阶新陈代谢模型 GM(1,1) 的数据流预测算法如表 4-2 所示。

表 4-2　基于灰色一阶新陈代谢模型的数据流预测算法

DataStreamPredictiveOne( )
Input：当前 m 个缓冲区中，每个缓冲区抽取 r 个样本数据
Output：未来数据窗口上的值 y'_k
1）for 缓冲区编号 1 到 m
2）　　{ 每个缓冲区中抽取 r 个样本数据
3）　　　　if $w \leqslant \Delta t$
4）　　　　　　细粒度计算序列 $X^{(0)}$
5）　　　　　else 粗粒度计算序列 $X^{(0)}$ }
6）for 初始序列 $X^{(0)}$
7）　　　计算 $\sigma^{(0)}(k) = \dfrac{x^{(0)}(k-1)}{x^{(0)}(k)}$
8）　　　if $\sigma^{(0)}(k) \notin (e^{-\frac{2}{n+1}}, e^{\frac{2}{n+1}})$
9）　　　　　return
10）　　else 计算累加序列 $X^{(1)}$
11）　　　　for 累加序列 $X^{(1)}$ 中的每一个元素
12）　　　　　　if $X^{(1)}(k) < 0$，则进行非负化处理
13）　　　　　　建立矩阵 $\boldsymbol{D}$ 及矩阵 $\boldsymbol{S}_n$
14）　　　　　　求解参数 c, d 的估计值
15）　　　　　　计算时间响应式 $\overset{\Lambda^{(1)}}{x}(k+1)$
16）　　　　　　计算拟合值 $\overset{\Lambda^{(1)}}{X}$
17）　　　　　　对 $\overset{\Lambda^{(1)}}{X}$ 做一次累减还原，计算出预测值 y'_k
18）　　　　　　计算平均相对误差 MRE

19)	if 平均相对误差MRE ≤ 给定误差，
20)	预测成功，return y'_k
21)	else 预测失败，计数器 count 加 1
22)	if count == threshold
23)	{待到新数据到达，覆盖最老的缓冲区数据
24)	使用最新的 m 个缓冲中的数据样本构造新的序列，调用 DataStreamPredictiveOne ()}

4.3.3 灰色二阶预测模型

灰色二阶预测模型构造如下。

设非负原始序列 X^0 ，形式如公式（4-8）：

$$X^{(0)} = (x^{(0)}(1), x^{(0)}(2), \cdots, x^{(0)}(n)) \tag{4-8}$$

（1）对原始数据进行处理

对其做一次累加生成，形式如公式（4-9）：

$$X^{(1)} = (x^{(1)}(1), x^{(1)}(2), \cdots, x^{(1)}(n)) \tag{4-9}$$

公式（4-9）中

$$X^{(1)}(k) = \sum_{i=1}^{k} x_i^{(0)} , \quad k = 1, 2, \cdots, n \tag{4-10}$$

对原始序列做一次累减生成，形式如下：

$$c^{(1)} X^{(0)} = (c^{(1)} x^{(0)}(2), c^{(1)} x^{(0)}(3), \cdots, c^{(1)} x^{(0)}(k)) , \quad k = 2, 3, \cdots, n \qquad (4\text{-}11)$$

公式（4-11）中

$$a^{(1)} X^{(0)}(k) = x^{(0)}(k) - x^{(0)}(k-1) , \quad k = 2, 3, \cdots, n \qquad (4\text{-}12)$$

（2）建模

由 $X^{(1)}$ 构造紧邻均值序列 $Z^{(1)} = (z^{(1)}(1), z^{(1)}(2), \cdots, z^{(1)}(n))$ $\qquad (4\text{-}13)$

公式（4-13）中

$$Z^{(1)}(k) = 0.5(x^{(1)}(k) - x^{(1)}(k-1)) , \quad k = 2, 3, \cdots, n \qquad (4\text{-}14)$$

得到灰色二阶模型的白化微分方程式：

$$\frac{\mathrm{d}^2 X^{(1)}}{\mathrm{d}t^2} + c_1 \frac{\mathrm{d}X^{(1)}}{\mathrm{d}t} + c_2 X^{(1)} = d \qquad (4\text{-}15)$$

离散化得

$$c^{(1)} x^{(0)}(k) + c_1 x^{(0)}(k) + c_2 z^{(1)}(k) = d , \quad k = 2, 3, \cdots, n \qquad (4\text{-}16)$$

（3）利用最小二乘法求解参数 a_1, a_2, b

求得灰色二阶模型的常系数解为：$\overset{\Lambda}{c} = (\boldsymbol{M}^{\mathrm{T}} \boldsymbol{M})^{-1} \boldsymbol{M}^{\mathrm{T}} \boldsymbol{N}$ $\qquad (4\text{-}17)$

其中，

$$\boldsymbol{M} = \begin{bmatrix} -x^{(0)}(2) & z^{(1)}(2) & 1 \\ -x^{(0)}(3) & z^{(1)}(3) & 1 \\ \vdots & \vdots & \vdots \\ -x^{(0)}(n) & z^{(1)}(n) & 1 \end{bmatrix} \qquad (4\text{-}18)$$

$$N = \begin{bmatrix} cx^{(0)}(2) \\ cx^{(0)}(3) \\ \vdots \\ cx^{(0)}(n) \end{bmatrix} \tag{4-19}$$

（4）求得方程的特解

（5）求得二阶模型的时间响应式，还原得到预测公式

$$x^{(0)}(1) = x^{(1)}(1) \tag{4-20}$$

$$x^{(0)}(k+1) = x^{(1)}(k+1) - x^{(1)}(k), \quad k = 1, 2, \cdots, n-1 \tag{4-21}$$

基于灰色二阶模型的数据流预测算法如表 4-3 所示。

表 4-3　基于灰色二阶模型的数据流预测算法

DataStreamPredictiveTwo( )
Input：当前 m 个缓冲区中，每个缓冲区中抽取的 r 个样本数据
Output：未来数据窗口上的值 y'_k
1）for 缓冲区编号 1 到 m
2）　　{ 每个缓冲区中抽取 r 个样本数据
3）　　if $w \leqslant \Delta t$
4）　　　细粒度计算序列 $X^{(0)}$
5）　　else 粗粒度计算序列 $X^{(0)}$ }
6）for 初始序列 $X^{(0)}$

7）　{计算累加序列 $X^{(1)}$，计算累减序列 $a^{(1)}X^{(0)}$ }

8）for 累加序列 $X^{(1)}$ 中的每一个元素

9）　{ if　$X^{(1)}(k) < 0$

10）　　　则进行非负化处理}

11）for 累减序列 $a^{(1)}X^{(0)}$ 中的每一个元素 $a^{(1)}X^{(0)}(k)$

12）　{if　　$a^{(1)}X^{(0)}(k) < 0$

13）　　　　则进行非负化处理}

14）构造紧邻均值序列 $Z^{(1)}$

15）构造白化微分方程 $a^{(1)}X^{(0)}(k) + a_1 X^{(0)}(k) + a_2 Z^{(1)}(k) = b$

16）求解参数 a_1, a_2, b

17）求得方程特解，求得二阶模型的时间响应式

18）计算出预测值 y'_k

19）计算平均相对误差 MRE

20）if　平均相对误差MRE ≤ 给定误差

21）　　预测成功，return　y'_k

22）else 预测失败，计数器 count 加 1

续表

23)	if count == threshold
24)	{待到新数据到达，覆盖最老的缓冲区中数据后
25)	使用最新的 m 个缓冲中的数据样本构造新的序列，调用 DataStreamPredictiveTwo( )}

4.4　实验及分析

实验数据采集地点为山东烟台郊区某大型养猪场，该猪场的四周为大片的茂密树林，育肥猪舍为有窗式猪舍，双坡式屋顶，钢屋架，屋顶高 4m，屋顶以草帘、塑料纸加毡布覆盖，屋脊上每隔 6m 有直径 30cm 的排气孔一个，总共 20 个。猪舍南北走向，长 125m，宽 13m，檐口高度 2.4m。猪舍中间有 1.5m 宽的过道，每侧各有 34 个圈；猪舍东西两侧墙高为 2.8m，东侧和西侧墙离地面 0.8m 处设有高度为 0.5m，长为 120m 的铁丝网窗，南北两侧形成对流，自然通风换气。试验期有育肥猪 1 000 头，猪圈地面为水泥地面，饲养管理方式主要是自动上料，每天定时定量喂料二次，时间分别是上午 5:30、下午 16:00，自由饮水，每个猪圈的靠窗一侧水泥地面有 30° 斜坡，在每个猪圈的倾斜靠墙处有一个 0.5m*0.4m 的出粪口，猪的粪便沿此倾斜角顺势流向窗外的排便渠。除此之外，管理人员在每天上午的 5:30、下午 16:00 各清除粪便一次。

常用的气体传感器有半导体型气体传感器、固体电解质气体传感器、接触燃烧式传感器、电化学传感器、光学气体传感器等，由于不同传感器的性能不一样，选择合适的传感器对于实验数据的获取很重要，我们对不同传感器的性能进行了比较，优缺点如表 4-4 所示。

表 4-4　常用气体传感器优缺点比较

气体传感器类型	优点	缺点
电阻式半导体气体传感器	电路简单、制造简单、响应快、灵敏度高、寿命长、对湿度不敏感、成本低	工作于高温下时元件参数分散、选择性较差、稳定性不理想、功率要求高，容易中毒，例如，当探测的气体中混有硫化物时
固体电解质气体传感器	灵敏度比半导体气体传感器高	响应慢、受限因素较多、应用范围较窄
接触燃烧式气体传感器	应用面广、体积小、结构简单、稳定性好	选择性差
恒电位电解式传感器	灵敏度高,对毒性气体检测有重要作用	使用寿命较短，一般为两年
原电池式气体传感器	灵敏度高	透水吸潮，电极易中毒
光学式气体传感器	有较高的灵敏度	传感器的自由度小

4.4.1　实验设置及仪器

气体传感器的主要性能参数有灵敏度、响应时间、稳定性、量程、精度等，实验中所用到的氨气传感器是加拿大原装进口的，其采样频率默认为 5 秒，用户可在 1 到 60 间进行设置，BW 氨气检测仪如图 4-4 所示。

二氧化碳传感器、硫化氢传感器、甲烷传感器采用的是由加拿大原装进口的 BW 五合一气体检测仪，可同时测量二氧化碳、硫化氢、二氧化硫等气体，实验所用传感器参数指标如表 4-5 所示。

图 4-4　BW 氨气检测仪

表 4-5　实验所用传感器参数指标

传感器名称	量程	测量精度
氨气	0～100ppm	(-3%, 3%)
二氧化碳	0～50 000ppm	(-2%, 2%)
硫化氢	0～100ppm	(-3%, 3%)
二氧化硫	0～150ppm	(-1%, 1%)

　　以猪舍中的硫化氢气体为例,采用 BW 生产的如图 4-5 所示的五合一气体检测仪进行数据的采集。该仪器的采样频率可由用户自行设定,其值可设置在 1 到 127 之间,默认的采样频率值为 5 秒。

　　我们采用两台配置为运行 Windows 7,具有 intel core i7 处理器、8GB 内存的计算机,一台计算机将采集到的数据以数据流的形式进行发送,另一台计算机接收数据流,并执行相应的预测算法。

图 4-5　BW 五合一气体检测仪

算法中的几个主要参数如未来数据窗口的长度 $w = q \times \Delta t$、滑动窗口的更新周期 Δt、数据流的采样频率 f 对预测准确率有一定的影响，同时，为了对预测结果的准确度更好地进行评价和比较，给出如下评价指标。

预测算法的成功率（PSR）：

$$预测成功率 = \frac{预测成功的次数}{总预测次数} \times 100\% \qquad （4\text{-}22）$$

公式（4-22）中，预测成功定义如下：

$$\frac{\left| y_k - y'_k \right|}{y_k} \leqslant 系统误差需求 \qquad （4\text{-}23）$$

实验中，我们设定公式（4-23）中的系统误差需求为 1%。

预测的平均相对误差（MRE）：

$$MRE = \frac{\sum_{k=1}^{k}|y_k - y'_k|}{k|y_k|} \qquad (4\text{-}24)$$

公式（4-23）和公式（4-24）中，k 为自然数，y_k 代表未来数据窗口第 k 个滑动周期的真实值，y'_k 代表未来数据窗口上第 k 个滑动周期的预测值。平均相对误差 MRE 反映了预测数据偏离真实值的程度，值越小，表示预测精度越高。

4.4.2　结果分析

分别采用基于时间粒度的一阶新陈代谢模型 GM(1,1) 及二阶灰色模型 GM(2,1) 自适应调整预测算法进行预测，试验结果如下。

（1）考察数据采样频率与预测成功率的关系

设置滑动窗口的更新周期为 60 秒，数据缓冲区为 10 个，数据的采样频率分别为 12 个/分、15 个/分、20 个/分、30 个/分、60 个/分，分别采用基于二阶灰色模型 GM(2,1)、基于一阶新陈代谢模型 GM(1,1) 计算预测成功率与采样频率的关系，图 4-6 及图 4-7 对应的未来数据窗口的长度分别为 60 秒和 600 秒。从图 4-6 及图 4-7 可以看出，数据的采样频率变大时，预测的成功率先下降，达到一定阶段后变化较平稳，总体来看，预测的成功率呈现下降趋势。这是因为随着采样频率的变大，滑动窗口的更新周期变小，开始阶段的曲线说明采样频率设置比较理想，采样频率稍做增大，对预测的成功率产生影响。当采样频率增大到一定数值时，噪声到了一定程度对预测的成功率影响不大，故预测成功率下降的趋势比较平缓。通过对比发现，其他参数相同的情况下，每种算法在图 4-6 的细粒度预测比对应的图 4-7 的粗粒度预测成功率要高。

（2）考察滑动窗口的更新周期对预测成功率的影响

数据缓冲区为 10 个，数据的采样频率设置为 12 个/分，分别采用基于二阶灰色模型 GM(2,1) 和基于一阶新陈代谢模型 GM(1,1) 计算预测成功率与滑动窗口的更新周期间关系，图 4-8 及图 4-9 对应的未来数据窗口的长度分别为 60 秒和 600 秒。在滑动窗口的更新周期为 25 秒时，预测成功率较低，这是由于气体传感器本身的惰性所造成的，随着滑动窗口更新周期的变大，预测的成功率逐渐上升，到滑动窗口的更新周期为 40 秒时，预测成功率较高，当滑动窗口更新周期为 60 秒时，基于细粒度的灰色二阶模型预测成功率最高，达到 83.24%，之后，随着滑动窗口更新周期的增大，预测的成功率反而下降，这是因为滑动窗口的更新周期过大，难免会掩盖中间过程的数据波动，导致预测的成功率降低。通过对比发现，其他参数相同的情况下，每种算法图 4-8 的细粒度比对应的图 4-9 的粗粒度的预测成功率要高。

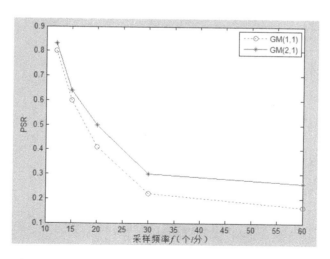

图 4-6　细粒度预测下数据的采样频率与预测成功率的影响

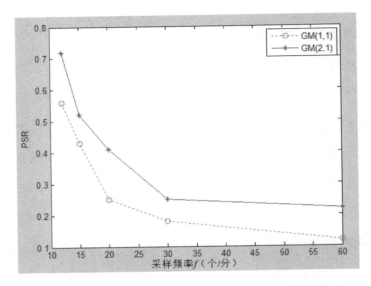

图 4-7　粗粒度预测下数据的采样频率与预测成功率的影响

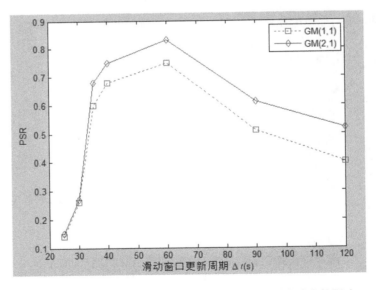

图 4-8　细粒度预测下滑动窗口的更新周期与预测成功率的影响

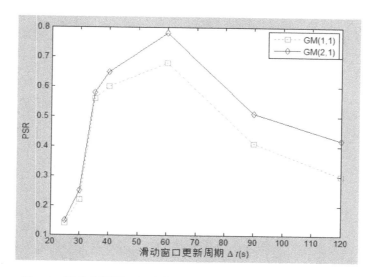

图 4-9　粗粒度预测下滑动窗口的更新周期与预测成功率的影响

（3）考察未来数据窗口的宽度与平均相对误差的影响

如图 4-10 所示，当采样频率为 1 个/5 秒时，滑动窗口的更新周期为 60 秒，随着未来数据窗口宽度 q 的增加，未来数据窗口的长度 $w = q \times \Delta t$ 也相应增大。基于一阶新陈代谢模型 GM(1,1) 及基于二阶灰色模型 GM(2,1) 预测的平均相对误差都是增大的趋势，这是因为用估计出来的值再去估计后面的数据，中间经过了多次误差累计，误差不断递增，导致预测的准确率降低。

从图 4-10 可以看出，基于二阶灰色模型 GM(2,1) 预测的平均相对误差要小于基于一阶新陈代谢模型 GM(1,1)，换句话说基于二阶灰色模型 GM(2,1) 预测的准确度要高于基于一阶新陈代谢模型 GM(1,1)，这与相关文献的理论研究结果是一致的，即灰色一阶模型适用于指数增长规律变化的领域。灰色二阶预测模型，既能反映系统周期性变化规律，又能反映系统的趋势变化特征，在振荡的或非单调变化的动态过程中，GM(2,1) 预测的精确度优于 GM(1,1) 模型。

从图 4-10 中不难看出，GM(2,1)方法对近期的数据预测比较准确，达到我们预期的需求。

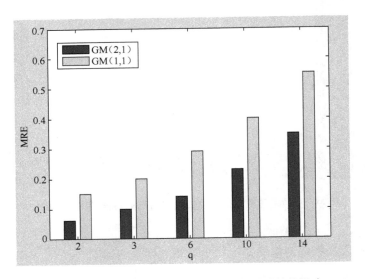

图 4-10　未来数据窗口的宽度与平均相对误差的影响

4.5　本章小结

首先介绍了大数据背景下数据流实时处理的原因及常用的预测方法，并进行了相关的比较。接着，通过对国内外数据流预测的研究现状的总结，发现由于数据流的特殊性，不同应用场所的需求不一，缺乏一个通用的数据流预测模型，需要根据实际需求有针对性地开发数据流预测模型。

在分析了数据流的变化过程随时间的变化呈现出非单调的有摆动的特征后，提出对数据流上的专用预测模型进行研究，需要既能反应系统的周期性变化特征，又能反应系统趋势变化特征，引入了时间粒度概念，设计了粗粒度预测和细粒度预测两种自适应调整预测方式。在此基础上，分别设计了基于一阶新陈代谢模型 GM(1,1) 和基于二阶灰色模型 GM(2,1) 实时预测算法。

最后，通过实验对模型中的相关参数进行分析，对模型的性能进行评价。实验表明，在其他条件都相同的前提下，基于二阶灰色模型 GM(2,1) 的数据流实时预测的平均相对误差要小于基于一阶新陈代谢模型 GM(1,1) 的平均相对误差。灰色一阶模型适用于指数增长规律变化的领域，灰色二阶预测模型既能反映系统周期性变化的规律，又能反映系统的趋势变化特征，在振荡的或非单调变化的动态过程中，GM(2,1) 预测的精确度优于 GM(1,1) 模型。在满足系统实时性预测的前提下，提出的基于时间粒度的灰色二阶数据流实时预测算法能满足系统实时性、预测精度的需求，可以对数据流进行预测。

第 5 章　猪舍环境监控系统的设计

5.1　简介

随着畜禽养殖向工厂化、集约化、规模化发展，饲养密度的增加使得养殖环境不断恶化，畜禽长期处于这种饲养环境中会出现亚健康状态，导致禽流感、猪流感等疾病大规模爆发，给养殖户造成巨大的经济损失。

畜禽的生长受多种因素的影响，如遗传、营养等，环境因素也起着至关重要的作用。环境因素主要包括氨气、硫化氢、二氧化硫等有毒、有害气体浓度，以及温度、光照强度、湿度等，不同生长阶段的猪对环境的需求也不同。当温度过高或过低时，引发猪产生应激反应，采食量下降，增重缓慢，饲料报酬低；湿度过高会导致大量的病原微生物的繁殖。氨气会造成猪神经系统麻痹，食欲下降，引起支气管炎及呼吸道疾病等。二氧化碳气体来源于动物的呼吸，本身对猪并不造成危害，但浓度过高时，会引起猪缺氧，精神萎靡，体质下降，易感染疾病。硫化氢会对猪的黏膜造成危害，长期处于低浓度或是高浓度的硫化氢环境中，会造成猪抵抗力下降，引发各种疾病。猪舍内低浓度的有害气体，会给猪造成不易察觉的伤害，最终导致猪的抵抗力下降，容易引起慢性中毒，甚至诱发其他疾病，给养殖场造成巨大的损失。因此，许多专家认为疾病的频发与养殖环境的恶劣有密切关系，应予以重视。

由于生猪养殖环境受多种因素的制约，且各环境因素之间不是孤立的，而是存在着复杂的内部联系。例如当温度升高时，会加速粪便的分解，导致气体浓度升高，湿度下降等，因此应通过多种手段进行实时监测，并在监测的基础上进行相应的调控、预测，从而为畜禽健康养殖保驾护航。适宜的养殖环境有利于动物增强抵抗力，同时减少疾病的发生，提高养殖场的经济效益。目前，对畜禽养殖环境的监控受到越来越多的重视。

畜禽养殖环境监控系统的显著特征就是数据采集和处理的自动化，例如，人们只要在养殖现场安放传感器，就可以不分昼夜、自动获取监测环境的相关数据，获取数据的能力大幅度提高，但若想从数据中获取有价值的信息，并加以利用，用于预测未来趋势和指导决策，需要对获取的数据进行深度挖掘和分析，而不是仅仅停留在获取数据、生成简单的报表、根据采集的瞬时值预警的层次上。

畜禽养殖环境监控系统是智慧农业的一个组成部分，目前的智慧农业主要是建立在各种先进的信息感知、网络传输、智能处理等技术的基础上，实现数字化与网络化服务、自动化生产，以达到智能化决策管理、最优化控制的主要目的。畜禽养殖环境监控系统的智慧性归纳起来就是对海量数据信息的智慧挖掘、智慧分析、智慧利用、智慧决策、智慧控制。

随着研究的深入和技术的发展，人们将网络监测和控制系统称为信息物理融合系统。

信息物理融合系统是指集通信、计算和控制能力于一体的能监控物理世界中各实体的网络化计算机系统。信息物理融合系统是一个多学科交叉研究的前沿领域。信息物理融合系统是着重于物理世界与计算机世界的有机融合与深度协作，是融合通信、计算与控制的新型复杂嵌入式系统，在动态不确定事件作用下，通过计算过程与物理资源的持续交互、融合，进而实现嵌入式计算、网络化通信与远程精确控制。信息物理融合系统是一种全新的设计理念，有别于传统的计算机控制系统、物联网、传感器嵌入式系统，其建设目标是实现信息世界和物理世界的完全融合，构建一个具有可信、可扩展、可控、安全、高效特征的网络。信息物理融合系统具有多层次的感知方式，具体表现在以感知设备的硬件设计为基础、物理世界的位置信息为辅助、模型理论为应用等方面。

信息物理融合系统的核心技术是 3C，即 Computation，Communication，Control，该技术具有实时、安全、可靠、高性能、事件驱动性、以数据为中心的特征。物理环境的变化、对象状态的变化通过反馈循环控制机制构成一个闭环事件，触发事件—感知—决策—控制—事件的闭环过程，最终改变物理对象状态。信息物理融合系统中通过建立物理过程和计算平台模型，可以促进互操作过程，有助于用户更好地了解系统状态，最终实现更好地控制。

因此，通过猪舍环境数据流采集与监控系统的建模与实现，不仅可以实现对监测环境信息的全程动态获取，还可以通过采用相应的数据挖掘分析方法，从实时变化的数据流中挖掘出潜在的、有价值的信息，据此制定相应的调控策略，改善监测环境状态，指导农业高效、有序地向前发展。

5.2　研究现状及存在的问题

国内，王冉等研发了采用无线传感网络进行传输的畜禽舍环境监控系统，该系统能自动采集畜禽环境的大气压、光照强度、温度、氨气浓度、湿度数据，根据预先设定的环境指标的上下限自动开启电灯、风扇等相关设备，进行畜禽舍环境的调节，提高养殖环境质量，有利于畜禽的健康成长。张伟等研究了基于物联网的规模化畜禽养殖环境监控系统，采用 MSP430 单片机，利用传感器获得监测的环境参数，采用浏览器/服务器架构，实现猪舍环境的自动化、可视化调控和精准预警，用户可在线实时查看猪舍的环境质量。李立峰等研发了一套基于组态软件的猪舍环境智能监控系统，用于改善分娩猪舍的环境质量，但该监控系统只从猪舍整体环境进行考虑和控制，对各猪栏的小环境没有进一步调节。吴武豪通过对影响生猪健康的环境因素进行分析，利用 RS485 总线技术及传感器组网，设计了一套用于猪舍环境监控的方案。通过将开发的系统管理软件与自动控制技术相结合，实现了猪舍环境的自动监测与控制。王雷雨等从畜禽健康养殖的理念出发，通过数据过滤算法及专家知识推理，将监测与推理相结合，设计并实现了猪场环境的监测及预警。黄华设计并实现了一个用于监测畜禽舍的二氧化碳浓度、温度、湿度的环境控制系统，在某种程度上对畜禽舍的环境改善起到了一定的调节作用。王骞利用在畜禽舍中布置的多个监测点来监测温湿度、二氧化碳浓度、光照强度，但采用的是有线组网的方式，并不适用于畜禽舍环境。朱伟兴等设计了一个基于物联网的保育猪舍环境监控系统，通过网络实时监控确保猪舍内的小气候，并将其控制在仔猪的适宜生长范围。张新柱等设计并实现了一个具有信息采集、存储、报警等功能的猪舍环境监测系统。

国外，Nagl 等利用多种传感器设计并实现了一个用于监控畜禽健康的系统。为降低生猪疾病的发病率，Hwang 等利用无线传感网在猪舍中实时采集环境信息，通过将猪舍中发病前后的环境信息进行对比，试图找出其中的规律，降低生猪的发病率。Hwang 等利用无线网络、视频采集，实现了猪舍环境的远程控制、自动控制、发送短消息预警的功能。Mitchell 等设计了一个分布式的用于监测鸡舍养殖环境及安全的系统，主要监测门禁、温度等参数，可以实时远程报警。Dong 等设计了基于 Zigbee 的鸡舍环境监控系统，对鸡舍的环境参数进行监测与调控。

以上环境监控系统的预警都只是针对传感器采集的某个瞬时值进行判断，当超过给定的上下限就预警，这种处理方式存在一个很大的弊端，当某个时刻传感器采集到的数据为噪声数据时，就会导致系统误报警，甚至引发相应的误调控，从而引起养殖环境的其他因素发生变化。因此，上述系统的决策、预警都停留在数据流中的数据处理初级阶段，需要进一步深入挖掘。为了更好地控制系统，了解系统的实时状态，有必要对系统进行建模。在网络监测与控制系统的建模方面，国内外学者做了大量的研究工作。

国内，张侃等针对目前在信息物理融合系统的安全性和正确性较为缺乏的问题，采用形式化方法，建立了系统模型，提出一种可信的设计框架。其缺点是缺少描述时空特性的形式化建模方法。胡雅菲等对信息物理融合系统网络体系结构及关键技术进行了综述，指出它是一种全新的全局控制、局部操控、具有多学科交叉应用的混合网络，并预测信息物理融合系统网络领域未来的重点研究方向。李仁发等介绍了信息物理融合系统的概念、特点和体系结构，分析了信息物理融合系统与嵌入式系统、网络的关联。从三个方面概括了其在设计上面临的主要挑战，并探讨了当前可用于其设计的理论和技术，以及研究的最新进展，指出当前发展应解决的问题。王小乐等提出了一种面向服务的包含节点层、服务层、网络层和资源层四层体系的框架，并对每层框架进行了讨论，结合四层架构讨论了信息物理融合系统领域未来的研究方向。王宇英等针对计算–物理深度融合的问题，研究了离散事件模型间和连续时间的结构映射和行为映射，提出了一种解决异质模型的融合问题转换方法，但目前这种方法仍然存在一定的问题，如无法完全从模型层次上来完成两种模型之间的行为映射等。周兴社等结合典型实例，在分析系统特征面临的挑战、模型构建面临的挑战的基础上，研究并总结了动态行为建模的四种主要方法，最终提出了一种动态行为与系统结构的协同建模方法。刘明星等基于服务组合的思想，提出一种包含感知系统、物理世界、控制系统、信息处理系统、时间约束的信息物理融合系统组成结构，但未考虑测量误差或者噪声等干扰会带来许多不确定性因素。聂娟等以精准农业为例，抽象出了一个信息物理融合系统的时空事件模型，并以精准农业大棚的洒水事件为例对每一环节进行了详细分析。陈铭松等对信息物理融合系统的研究热点进行了概述，提出建模中的模型融合、模型语义扩充等研究热点。冯辉宁对于云计算物理系统的开发难点，提出了云计算环境下的多路数据流分层模块化建模与设计的解决方法，但缺点是数据输出有延迟，不能实现实时处理。曹原等针对传输和处理过程中状态监测数据可能出现时序混乱的问题，采用对问题域中的主要元素分析建模的处理方式，对数据流通过滑动窗口策略缓存排序发送，并结合具体的监控分析任务需求，通过计算拟合数据的延时概率从而估算窗口的合适大小。李明等给出了多维不确定数据流的一种形式化描述，在此模型中对于数据中出现的不确定性通过不确定对象进行描述，同时对时间域上的无限性采用基于时间窗口的时间维度模型来进行形式化描述，并给出了多维不确定数据流模型中的基本概念的定义，如流多维模型、流事实、流多维数据实例等。侯东风对数据流的多维建模给出了形式化的数学表述，并给出了一个模型，该模型可对数据流的动态性和无限性进行描述，但未考虑度量数据的不确定问题。

国外，Marius 等采用 Hilbertean 形式化方法来描述语义，并结合代数模型对物理关系进行建模。Ying 等提出了一个 Lattice-based 事件模型，该模型包含内部属性、外部属性、事件类型，通过属性来对事件组合规则进行定义，用于指导面向事件的软件建模。Rober 等提出了一种面向信息物理融合系统的采用标记混合 Petri-Net 来建模的抽象方法，通过 Petri-Net 转换来对模型的状态空间进行约简，从而降低验证的复杂性。Neda 等提出一种可用于建模和进行验证的框架，它将系统分解为并发的进程，并运用扩展的逻辑编程来描述这些进程之间的通信行为和数值约束。但由于采用的逻辑编程方法较为复杂、不直观，因此，实际应用中难以掌握和使用。Akshay 等提出了一种异构模型来对信息物理融合系统的系统层属性进行验证，通过引入行为关系来对系统之间不同的模型语义进行表达，定义用于约束管理模型内部依赖性和一致性的参数，利用布尔组合的形式来推导出信息物理融合系统的系统层属性，从而实现对这些属性的形式化验证。Jeong 等研究了一个基于自适应神经网络模糊推理模型的信息物理融合系统，可用于大型智能、协同监控，从而减少信息物理融合系统管理组件中的错误事件的报告率。

以上的研究多集中在特定场景下对信息物理融合系统建模或是对传统的静态的、精确的数据建模，对于农业大数据产生的不确定数据流背景下的信息物理融合系统的数据流建模研究较少。信息物理融合系统中的时间主要是用来预测、度量和控制物理世界的一些属性。传统的建模方法有一定的局限性，大多局限于时间域内的分析，没有考虑计算过程和物理过程通过网络实时交互对系统行为所带来的影响，因此，需要扩展现有模型以刻画系统中的时空相关、网络交互及模型结合等问题。

在对信息物理融合系统技术的研究中，主要面临架构设计、系统抽象与建模、系统设计方法、系统验证体系等方面的挑战。面向信息物理融合系统的数据流建模需要把计算世界与物理世界的异构信息进行交互融合，将时间和空间的事件信息都明确地抽象到编程模型中，在大数据背景下进行形式化描述及一体化建模，有利于设计人员更好地分析网络化计算过程在与物理过程融合、与物理环境交互中的动态行为，对于加深系统的理解和应用具有重要的意义。

此外，传统的基于事件模型的研究，认为在特定的时间和地点发生的某件事触发了状态变化。然而究其本质，反映到系统中是以数据为核心的数据驱动，导致系统的变化。在大数据时代，数据反应了真实世界的事件、对象及其中的相互关系，是对真实世界的数字化表达，因此，在大数据时代，人们需要切换到数据视角，以数据为中心来开展业务研究，本章研究了面向养殖环境的猪舍数据流采集监控系统的建模及实现。

5.3　猪舍数据流采集监控系统的设计

5.3.1　系统组成建模

杨刚等采用基于语义的方法对信息物理融合系统的功能模型和实现模型进行集成，集成框架如图 5-1 所示。

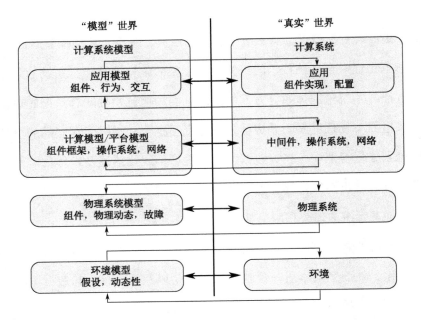

图 5-1　信息物理融合系统的功能模型和实现模型集成

信息物理融合系统的抽象结构如图 5-2 所示，系统通过计算、通信、控制实现虚拟世界与物理世界的动态协调和深度控制。

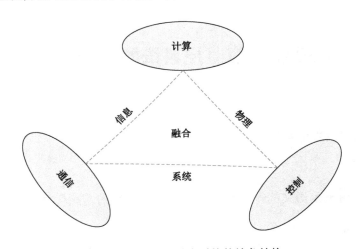

图 5-2　信息物理融合系统的抽象结构

　　系统的基本组件除了物理系统外，还包括传感器、执行器和决策控制单元，如图 5-3 所示。传感器负责对外界环境感知，并将获取的数据通过网络上传到计算系统，该系统中的决策控制单元根据用户定义的语义规则生成控制，驱动执行单元，触发事件操作，对物理系统的状态做出改变，最终形成一个闭环的反馈循环控制机制。

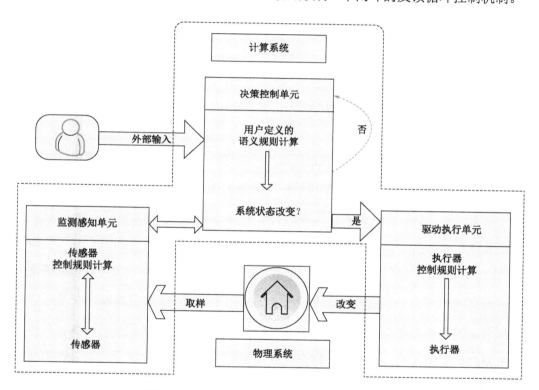

图 5-3　信息物理融合系统的基本功能逻辑单元

　　有学者把信息物理融合系统抽象为"感""联""知""控"四个字；也有学者把信息物理融合系统抽象为"感""传""执""控"四个字。虽在名称上不完全一致，但其内涵却是相同的。

（1）感

是指利用多个传感器协同感知，有效获取物理世界的信息。

（2）联

是指使用各种类型的通信网络，如有线网、无线网等，实现物理世界和信息世界的互连互通、信息传送，从而达到系统可控的深度感知和协同控制。

（3）知

是指对通过传感器感知到的物理世界的状态，利用分析、挖掘等计算、推理手段，正确、全面地观察和认知物理世界。

（4）控

是指系统根据认知结果，确定控制策略，发送相应的控制指令，协调各执行器对物理世界的对象执行正确操作，从而最终实现各执行器准确、实时地控制物理世界。

随着动物福利、畜禽健康养殖等观念的提出，人们越来越重视畜禽健康养殖。健康养殖的理念决定了环境的重要性，环境、品种、饲料、疾病构成养猪生产的四大技术限制因素，其中，环境因素占到20%～30%，品种及饲料的优势都是以适宜的环境为基础而得到充分发挥的。这些因素之间相互联系，又相互影响，在这当中环境显得尤为重要。猪舍内的环境质量是影响动物生长发育的重要环境因素，直接影响家畜的健康和生产力。如冬天猪舍内通风不畅，氨气、硫化氢、二氧化硫等有害气体含量过高，温湿度等环境指标超标，这些恶劣的环境条件均会导致畜禽产生各种应激反应，引起畜禽的免疫力降低，并引发各种疾病。猪舍环境的监测与控制，可以充分发挥猪的生产潜力，增强猪的抵抗力，减少疾病的发生，将养殖户的经济损失降低，继而提高养殖户的生产效益。此外，畜禽良好的养殖环境也符合动物福利的要求。畜禽养殖环境的实时监控也是智慧农业、设施农业科学化、智能化、自动化、先进化的重要体现之一。

我们设计了基于无线传感器网络的畜禽舍环境智能监控系统，系统还能根据用户要求，通过控制单元的控制语句自行设定温度、湿度、氨气浓度等环境参数的采集时间和监测范围，若结合执行单元的相关环境参数指标，则可实现自动控制畜禽舍内相关设备，如排气风机、风扇、喷淋装置和电源灯的开关，使动物能够处在相对适宜的环境下，满足养殖舍内环境监测和环境控制的要求。同时，系统中对采集到的数据流进行实时预测，为养殖户提供预警等。各种传感器按照设定的采样频率，通过无线传感器网络，源源不断地进行数据的传送，这些传送的数据就构成了数据流。猪舍内的数据流采集控制系统组成架构如图 5-4 所示。

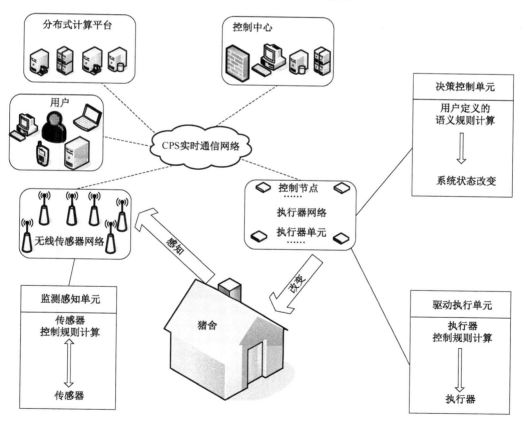

图 5-4　猪舍内数据流采集控制系统组成架构

接下来将对面向生猪养殖的数据流采集控制系统的各个组成部分，以数据为中心分别建模，并进行详述。

5.3.2　物理世界数据建模

现实世界中客观存在的各种物理实体及物理实体所处的环境都属于物理对象，物理对象可以是物，在某些特定的情况下也可以是人。我们将物理对象抽象为如下四元组：

$$PhysObje \equiv <po_{id}, po_{attr}, po_{loca}, po_{time}> \qquad (5\text{-}1)$$

公式（5-1）中，po_{id} 表示物理对象的编号，po_{attr} 表示物理对象被监测的属性，po_{loca} 表示被监测的物理对象所在的位置，po_{time} 表示监控物理对象的时间。

对于猪舍而言，监控的各种环境资源便是物理对象的属性，例如，当 $po_{id} = \{1, 2, 3, 4\}$ 时，表示对 1 号猪舍、2 号猪舍、3 号猪舍、4 号猪舍进行监控。对 1 号猪舍进行监控，监控的物理对象便是 1 号猪舍，则有 $po_{id} = 1$；监控 1 号猪舍内的温度、湿度、光照、氨气这几个属性值，则属性集有 $po_{attr} = \{temperature, humidity, illumination, ammonia\}$；$po_{loca}$ 表示被监控的猪舍所处的位置；po_{time} 表示监控的时间，以年月日、小时分的形式表示。

5.3.3　传感器数据建模

传感器是用于感知物理世界的物理对象所处的状态的硬件设备，提供感知服务，是物理世界和信息世界进行交互的纽带，是物理世界与信息世界沟通的桥梁。由于数据流具有不确定性、动态性和实时性，因此，对传感器中的数据不能像传统的确定性数据那样进行描述，对大数据流某一时刻对应的数据的描述需要同时引入时间、数值、概率这三个属性，才能完整刻画不确定数据流。

我们将传感器抽象为如下七元组：

$$\text{Sensor} \equiv <s_{id}, s_{attr}, s_{type}, s_{loca}, s_{ti}, s_{di}, s_{pi}> \tag{5-2}$$

s_{id} 是传感器的编号，我们对传感器的编号采用猪舍号+传感器类型的首字母+数字来进行标注；s_{attr} 是传感器属性，如传感器的精度范围；s_{type} 是传感器的类型，$s_{type} = \{T, H, I, A\}$，表示对应的传感器类型分别是温度传感器、湿度传感器、光照传感器、氨气传感器；s_{loca} 是传感器所处的位置，文中采用三维坐标（x, y, z）来进行描述；s_{ti} 表示传感器，s_{id} 感知该数据时所对应的时刻，s_{di} 表示传感器在某一时刻 ti 所感知到的有关物理对象的数据取值，s_{pi} 表示传感器在该时刻 ti 感知到该数据 s_{di} 的概率，对于不确定数据流有：

$$s_{pi} > 0 , \quad \sum_{i=1}^{n} s_{pi} = 1 \tag{5-3}$$

公式（5-3）中，n 为不确定数据流在时刻 ti 的不确定对象的实例数。

5.3.4 无线网络数据建模

已有系统建模研究中，大都忽视了计算过程和物理过程通过网络实时交互对系统行为所带来的影响，而这正是我们的建模研究中所需要进行扩展的部分。可靠性是无线传感器网络性能的重要指标，由于无线传感器网络自身的局限，如节点能量损耗、环境影响等，常常会出现大量的数据包丢失的情况，导致网络的可靠性能较低。由于传感器网络缺失数据，从而极大地影响了整个信息物理融合系统的准确性。

针对这一点，可以采用在无线传感器网络的设计阶段设计出合适的网络拓扑结构、高效的节点部署策略、可靠的传输技术和可靠的管理技术，以此来提高无线传感器网络的传输性能。无线传感器网络中的数据流按传递的方向可分为上行和下行两种，上行方向表示源节点将感知的数据流向 sink 节点进行传送，主要用于信息的采集。根据已有的研究发现，很多研究关注的都是此方向数据包的可靠传输。下行方向表示发送的广播或单播数据流是由 sink 节点指向整个网络或局部网络的。

$$\text{WirelessNet} \equiv < s_{id}, \text{up}_{data}, \text{down}_{data}, \text{cu}_{id}, \text{ws}_{time} > \tag{5-4}$$

公式（5-4）中，s_{id} 表示无线网络上行传送数据的传感器编号，up_{data} 表示该传感器向无线网络上行传送的数据，down_{data} 表示该无线网络下行传送的数据。该下行数据不仅仅传送给计算控制单元，也传送到用户的计算机及手机上（cu_{id} 表示该无线网络下行发送数据对应的计算（控制）单元的编号，ws_{time} 表示该无线网络传送数据的对应时间。）

同 5.3.3 节，由于传送的数据是不确定数据流形式，因此，该数据的描述形式采用三元组进行刻画：

$$\text{up}_{data} \equiv < s_{ti}^{up}, s_{di}^{up}, s_{pi}^{up} > \tag{5-5}$$

公式（5-5）中，s_{ti}^{up} 表示传感器 s_{id} 上传的感知该数据所获取的对应时刻为 ti，s_{di}^{up} 表示传感器 s_{id} 上传的在时刻 ti 所感知到的有关物理对象属性的数据取值；s_{pi}^{up} 表示传感器上传的在时刻 ti 感知到数据 s_{di}^{up} 的概率。同样，基于不确定数据流的特性，有公式（5-6）成立。

$$s_{\mathrm{pi}}^{\mathrm{up}} > 0 \ , \quad \sum_{i=1}^{n} s_{\mathrm{pi}}^{\mathrm{up}} = 1 \tag{5-6}$$

与此类似，下传的数据是不确定数据流形式，也采用三元组的形式描述该数据。

$$\mathrm{down}_{\mathrm{data}} \equiv < s_{\mathrm{ti}}^{\mathrm{down}}, s_{\mathrm{di}}^{\mathrm{down}}, s_{\mathrm{pi}}^{\mathrm{down}} > \tag{5-7}$$

公式（5-7）中，$s_{\mathrm{ti}}^{\mathrm{down}}$ 表示传感器 s_{id} 下传的感知该数据的获取时间为 ti，$s_{\mathrm{di}}^{\mathrm{down}}$ 表示传感器 s_{id} 下传的在时刻 ti 传感器所感知到的有关物理对象的数据取值；$s_{\mathrm{pi}}^{\mathrm{down}}$ 表示传感器下传的在时刻 ti 感知到数据 $s_{\mathrm{di}}^{\mathrm{down}}$ 的概率，同样，基于不确定数据流的特性，有公式（5-8）成立。

$$s_{\mathrm{pi}}^{\mathrm{down}} > 0 \ , \quad \sum_{i=1}^{n} s_{\mathrm{pi}}^{\mathrm{down}} = 1 \tag{5-8}$$

公式（5-6）及公式（5-8）中，n 为不确定数据流在时刻 ti 的不确定对象的实例数。

5.3.5　计算（控制）单元数据建模

大数据背景下的数据流中的数据具有不确定性，而且由于数据流的特有的高速、动态、无限的特性，因此，对于无线传感器网络传送到控制单元中的数据，需要进行融合处理，我们将计算控制单元抽象成以下五元组：

$$\mathrm{ContUnit} \equiv < \mathrm{cu}_{\mathrm{id}}, \mathrm{cu}_{\mathrm{time}}, \mathrm{cu}_{\mathrm{data}}, \mathrm{cu}_{\mathrm{initdata}}, \mathrm{pu}_{\mathrm{id}} > \tag{5-9}$$

$\mathrm{cu}_{\mathrm{id}}$ 表示计算（控制）单元的编号。

$\mathrm{cu}_{\mathrm{time}}$ 表示计算（控制）单元对应的计时时间，从而对系统进行控制。

cu_{data} 表示计算（控制）单元在相应时间内接收到的无线网络的下行数据，采用如下三元组表示：

$$cu_{data} \equiv < s_{ti}^{down}, s_{di}^{down}, s_{pi}^{down} > \tag{5-10}$$

公式（5-10）中，s_{ti}^{down} 表示计算控制单元 cu_{id} 在时间 cu_{time} 所接收的下传数据的获取时间为 ti，s_{di}^{down} 表示计算控制单元 cu_{id} 在时刻 ti 接收的下传的传感器所感知到的有关物理对象的数据取值大小；s_{pi}^{down} 表示计算控制单元 cu_{id} 接收的在时刻 ti 感知到数据 di 的下传数据概率值大小。

$cu_{initdata}$ 表示计算控制单元 cu_{id} 内的初始化数据，该数据采用三元组的形式描述，如公式（5-11）所示：

$$cu_{initdata} \equiv < cu_t, cu_{initd}, cu_p > \tag{5-11}$$

cu_t 表示计算控制单元 cu_{id} 预期的时间，cu_{initd} 表示计算控制单元 cu_{id} 预期在时刻 t 对应的数据，cu_p 表示计算控制单元 cu_{id} 预期的在时刻 t，接收到的下传的传感器数据取值为 cu_{initd} 的概率。

同样的，cu_t、cu_{initd}、cu_p 这三个属性，也是通过组合，用来共同描述不确定数据流中的数据，也具有不确定数据的特征。当 s_{di}^{down} 与 cu_{initd} 越接近，s_{pi}^{down} 与 cu_p 越接近，则表示事件被该数据驱动发生的可能性就越大。

pu_{id} 表示计算（控制）单元所连接的执行器编号。

5.3.6　执行器数据建模

执行器根据与其相连的控制单元所发送的控制指令，执行相应的动作，从而改变物理对象的状态，实现对整个系统的闭环控制。

$$PerfUnit \equiv < pf_{id}, pf_{attr}, pf_{time}, pf_{data} >$$ （5-12）

公式（5-12）中，pf_{id} 表示与计算控制单元相连的执行器的编号；pf_{attr} 表示执行器的属性；pf_{time} 表示执行器的时间。pf_{data} 表示执行器中的数据，当 $pf_{data}=1$ 时，表示执行开启的命令；$pf_{data}=0$ 时，表示执行关闭的命令。

5.4　模型实例

某生猪养殖场，对 4 个猪舍进行监测，编号分别为 1,2,3,4，我们在每个猪舍的相应位置分别安放了温度、湿度、氨气传感器，在舍内同一平面取 5 个点，在同一垂直方向各取 3 个点，育肥猪舍的适宜温度为[14,23]摄氏度，相对湿度在[60%,80%]间为适宜湿度，氨气浓度不超过 26PPM，下面以风扇开启事件为例进行详细分析，其他事件与此类似。

根据猪舍类型的不同，当猪舍内的温度高于该生长阶段的适宜温度，系统通过传感器获取数据，通过数据驱动，触发一系列的事件操作，以风扇开启为例的建模如下：

$$\text{PhysObje} \equiv <1, \text{Temperature}, (3,4,5), (2016\text{-}05\text{-}01, 12:10) > \qquad (5\text{-}13)$$

公式（5-13）表示在 2016 年 5 月 1 日的 12:10 对位置坐标为（3,4,5）、编号为 1 的猪舍的温度进行监测，Temperature 表示监测属性是温度。

$$\text{Sensor} \equiv <1\text{T}002, \pm0.3, \text{T}, (11,10,2), (2016\text{-}05\text{-}01, 12:10), 26, 90\% > \qquad (5\text{-}14)$$

公式（5-14）中，1T002 的 1 表示猪舍编号，T 是温度的英文首字母，002 表示第二个传感器，即 1 号猪舍温度传感器 002 号；±0.3 表示温度的精度范围，T 表示温度传感器，温度传感器的位置坐标是（11,10,2）。在 2016 年 5 月 1 日 12:10，位于 1 号猪舍的位置坐标是（11,10,2），编号为 1T002 的温度传感器监测到温度是 26 的概率是 90%，概率值越大，可信度越高。

$$\text{wirelessNet} \equiv <1\text{T}002, \text{up}_{\text{data}}, \text{down}_{\text{data}}, 006, (2016\text{-}05\text{-}01, 12:10) > \qquad (5\text{-}15)$$

其中，
$$\text{up}_{\text{data}} \equiv <(2016\text{-}05\text{-}01, 12:10), 26, 90\% > \qquad (5\text{-}16)$$

$$\text{down}_{\text{data}} \equiv <(2016\text{-}05\text{-}01, 12:12), 26, 90\% > \qquad (5\text{-}17)$$

表示无线传感网络在 2016 年 5 月 1 日 12:10 接收来自编号为 1T002 的温度传感器的上传数据为 $<(2016\text{-}05\text{-}01, 12:10), 26, 90\% >$，下传数据为 $<(2016\text{-}05\text{-}01, 12:12), 26, 90\% >$，下传数据的接收控制计算单元的编号为 006；当 $\text{ws}_{\text{time}} > s_{\text{ti}}^{\text{up}}$ 时，说明无线网络传输有延迟，二者时间相差越大，说明网络延迟时间越长；同理，当 $s_{\text{ti}}^{\text{down}} > \text{ws}_{\text{time}}$ 时，说明无线网络下传数据有延迟，二者时差越大，说明延迟时间越长。

$$\text{ContUnit} \equiv \langle 006, (2016\text{-}05\text{-}01, 12:12), \text{cu}_{\text{data}}, \text{cu}_{\text{initdata}}, 007 \rangle \qquad (5\text{-}18)$$

$$\text{cu}_{\text{data}} \equiv <(2016\text{-}05\text{-}01, 12:12), 26, 90\% > \qquad (5\text{-}19)$$

$$cu_{initdata} \equiv\, <(2016\text{-}05\text{-}01,12:10),26,88\%> \tag{5-20}$$

公式（5-18）表示编号为 006 的计算（控制）单元在 2016 年 5 月 1 日的 12:12 分接收到无线网络下传的数据为 $<(2016\text{-}05\text{-}01,12:10),26,90\%>$，该计算（控制）单元中的初始化数据 $<(2016\text{-}05\text{-}01,12:10),26,88\%>$ 为系统预期的数据，系统预期在 2016 年的 5 月 1 日的 12:10 接收到的温度传感器感知温度为 26 的概率为 88%，$s_{pi}^{down} > cu_p$ 说明事件发生的可能性越大。与该计算（控制）单元相连的执行器的编号为 007。

$$PerfUnit \equiv \langle 007, pf_{attr}, (2016\text{-}05\text{-}01,12:12),1\rangle \tag{5-21}$$

pf_{attr} 为编号 007 的执行器的属性，如工作电流、节点电压等，公式（5-21）表示编号为 007 的执行器在 2016 年 5 月 1 日的 12:12 分打开风扇。

5.5　系统的实现与优化

系统的建设目标是根据现场需求不同，在不同的养殖舍内部署不同的传感器和无线网络，借助于移动网、无线网、因特网，实现生猪圈舍环境参数的自动检测、传输、接收和异常报警，并开展基于视频分析的猪行为异常检测研究。方案实施分为两大部分：基础设施部署和软件开发。在养殖现场部署有害气体检测传感器、环境气候传感器、视频采集器，通过有线和无线方式传到后台计算机设备，进行数据存储。

系统包括无线传输模块、环境参数传感器、监控服务器。利用无线传输模块（内置在仪器中）远程传输数据，实时统计分析各个气体检测仪的数据和状态。如图 5-5 所示为部分硬件架构图。其中的环境参数传感器安装在圈舍内，实时采集环境参数，通过无线发射器将数据传递到无线接收模块；无线接收模块通过 USB 口和电脑相连，在电脑上可以实时看到相关的监测信息。

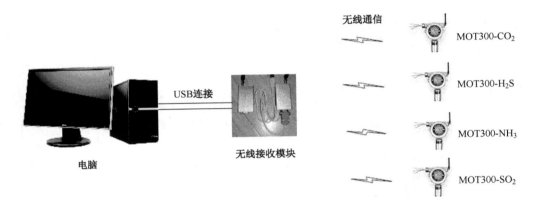

图 5-5　面向养殖环境的猪舍数据流采集监控系统部分硬件架构

软件系统将以 B/S 方式运行，即客户端通过浏览器使用该软件系统，调用该模块时，能够独立运行。面向养殖环境的猪舍数据流采集监控系统登录界面如图 5-6 所示。

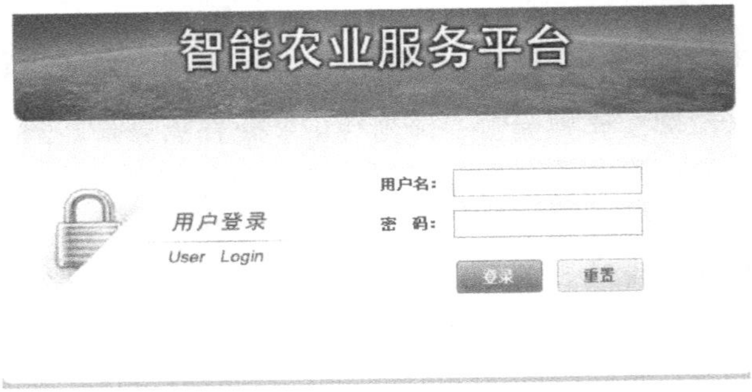

图 5-6　面向养殖环境的猪舍数据流采集监控系统登录界面

猪舍环境监测与控制系统技术路线如图 5-7 所示。

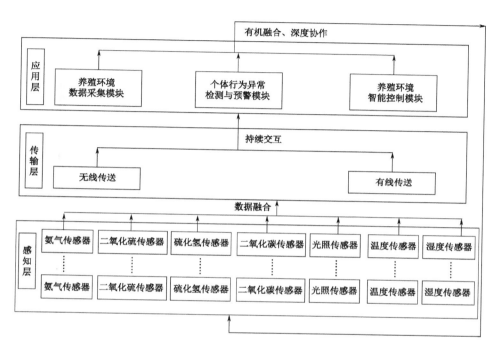

图 5-7　猪舍环境监测与控制系统技术路线

猪舍环境监测与控制系统主要功能模块如图 5-8 所示。

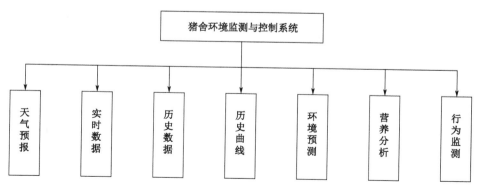

图 5-8　猪舍环境监测与控制系统主要功能模块

天气预报模块将当前的天气状况实时显示在系统中；实时数据模块中提供了场房选取、猪舍选取功能，根据用户选取的参数，实时显示出当前的监测信息。猪舍环境监测与控制系统实时数据功能模块运行界面截图如图 5-9 所示。

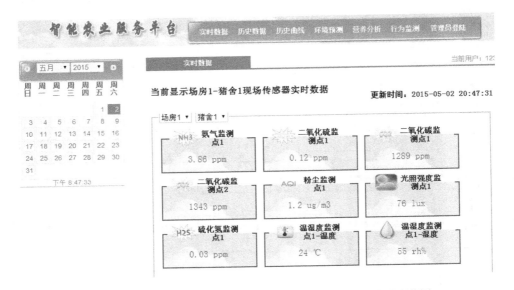

图 5-9　猪舍环境监测与控制系统实时数据功能模块运行界面截图

历史数据模块中提供了场房选取、猪舍选取、监测对象的选取、开始日期、结束日期、翻页等功能，根据用户选取的参数，提取出历史监测信息。猪舍环境监测与控制系统历史数据模块运行界面截图如图 5-10 所示。

历史曲线模块中提供了场房选取、猪舍选取、监测对象的选取、开始日期、结束日期、翻页等功能，根据用户选取的参数，从后台数据库概要数据中提取出历史监测信息，并以曲线的形式显示，猪舍环境监测与控制系统历史数据曲线模块运行界面截图如图 5-11 所示。

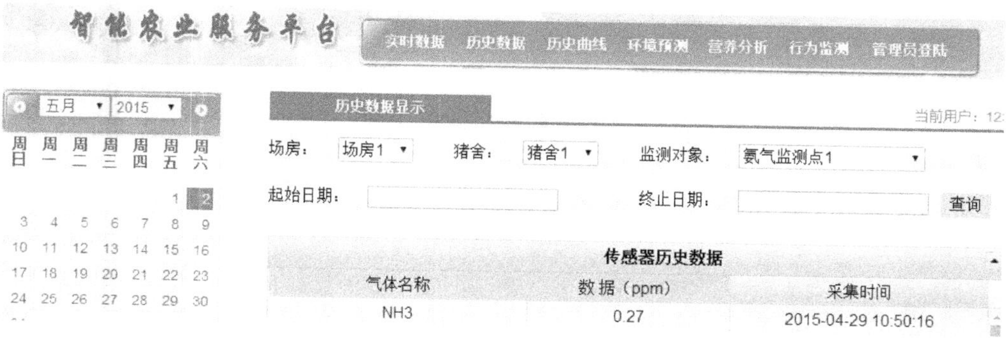

图 5-10 猪舍环境监测与控制系统历史数据模块运行界面截图

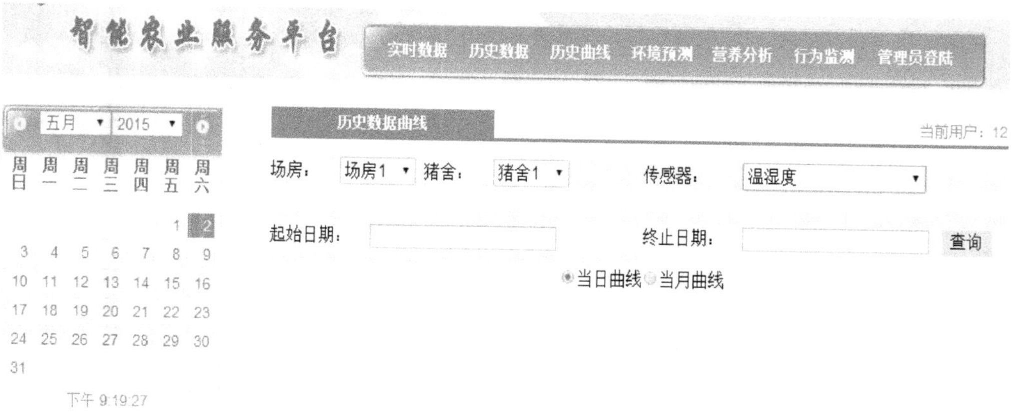

图 5-11 猪舍环境监测与控制系统历史数据曲线模块运行界面截图

由于现有的系统未考虑设备状态检测功能，因此，采用本书第 2 章的方法进行优化，对数据流只存储其概要数据结构，对数据流进行压缩，既节省了存储空间，又可实时满足系统的查询需求，还支持聚类计算。

如图 5-12 所示，系统对猪舍环境监测到的各个参数的一小时内的数据的平均值进行预警，由于不良环境的变化是一个渐变的过程，取平均值的处理方式会掩盖环境因子中间的波动过程，而且不良环境对生猪的伤害是隐形的、不易察觉的，这种预警方式从某种程度上时限滞后，预警时不良环境因素对生猪的伤害已经造成。

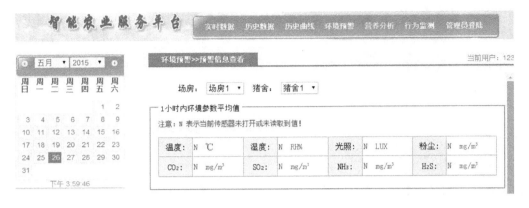

图 5-12　优化前猪舍环境监测与控制系统的环境预警界面

　　因此，我们采用本书第 4 章提出的基于时间粒度的灰色二阶模型预测方法，对系统的功能模块进行优化，可根据用户的需求对系统未来一段时间内的各个环境因素进行相应的预测。用户可根据主菜单里面的环境预测，选择不同的场房和猪舍，设置未来预测时间来查看监测的环境状况，及早发现异常，进行调控，优化后猪舍环境监测与控制系统的环境预测界面如图 5-13 所示。

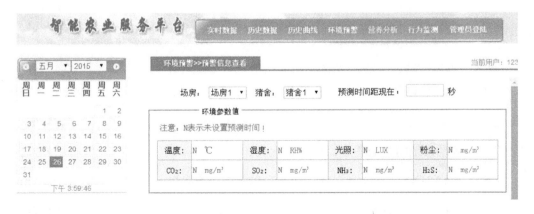

图 5-13　优化后猪舍环境监测与控制系统的环境预测界面

　　综合前面章节的研究，本章节建立的猪舍环境监控系统，以数据为中心，对数据流中的数据给出了形式化描述，考虑了计算过程与物理过程通过网络交互对系统造成的影响，这对于系统的精准有效控制具有重要的意义。

优化方式对采集到的数据流进行了深度挖掘分析，数据流中的数据在后台数据库中采用基于高斯混合模型的概要结构的形式进行存储，既节省了存储空间，又保障了用户可离线查询任意时段的历史数据，并对结果进行相关分析。通过聚类分析，用户可以对异常的数据采用追溯算法进行追溯定位，迅速查找异常的来源，找出问题的所在。通过系统采集的数据流，用户可指定未来一段时间内的环境数据流进行实时预测，利用本书中提出的基于时间粒度的自适应调整灰色预测模型，确定在未来一段时间内，猪舍内是否会发生异常事件，避免了传统瞬时噪声值的误调控，既为畜禽提供了舒适的养殖环境，又将损失降低到最小。

5.6　本章小结

本章首先介绍了畜禽养殖环境的监控越来越受到重视的原因，接着介绍了自动监测与控制系统的建模现状、数据流建模的现状，并对国内外的研究现状及存在问题进行了陈述。接下来，摒弃传统的以事件为中心进行建模，提出在大数据背景下切换到数据视角，以数据为中心来研究面向养殖环境的猪舍数据流采集控制系统的建模。然后，在考虑计算过程和物理过程通过网络实时交互对系统行为所带来的影响后，对于传统建模的组成部分进行相应扩展，分别给出了数据流情形下的物理世界数据建模、传感器数据建模、无线网络数据建模、计算（控制）单元数据建模、执行器数据建模等形式化描述，实现了计算世界与物理世界的异构信息的交互融合，将时间和空间的事件信息抽象到编程模型中，设计了一个猪舍环境监控系统模型。

最后，实现了一个面向养殖环境的猪舍数据流采集系统，并对系统的功能模块做了相应介绍。该系统的优化部分利用本书第 2 章的概要结构将数据流中的数据存储成高斯混合模型的概要数据，有效地降低了存储空间；通过离线聚类的方式，用户可查询任意时间段的数据，进行聚类分析；通过聚类分析，用户对异常点采用第 3 章中的基于不确定数据的追溯模型进行追溯；用户采用第 4 章的基于时间粒度的 GM(2,1) 模型可对指定的未来一段时间的环境信息进行预测。

第 6 章　物联网追溯系统研发

6.1　养殖场信息管理系统

民以食为天，食品是广大群众赖以生存的基础，随着全球经济一体化和人们健康意识的不断增强，食品安全问题被广泛关注。据调查，中国有 90% 的农业及食品出口受国外技术性贸易壁垒影响，每年损失约 100 亿元。究其原因，除了不按规范使用药物及添加剂等违规操作外，食品供应链缺乏生产信息的透明机制和有效的全程管理，致使药残和污染问题发生。近年来，与猪肉有关的食品安全事件，如瘦肉精、注水肉事件频繁发生，已严重危及消费者的健康和猪肉的国际竞争力。中国作为世界上最大的猪肉生产国和消费国，研究猪肉产品质量安全深度溯源技术势在必行。由于猪肉营养丰富、容易消化吸收、物美价廉，其相关产业渐已成为朝阳产业。随着世界畜牧业的迅速发展，肉制品发展水平的高低已成为现代农业，特别是畜牧业发展水平的重要标志。没有养殖规模就不可能有规模效益。随着科技的不断发展，猪肉产业正从传统的生产方式向现代化管理方式转变，标准化规模养殖的比重不断提高。

猪肉产业在发展模式快速转变的同时，也面临公共卫生、经济技术、食品安全等一系列问题。

（1）频发的动物疫病给中国的生猪养殖生产和公共卫生安全带来严重威胁。猪瘟、猪肺疫、猪丹毒等疫病不仅降低了猪肉产品的数量与质量，每年直接造成中国猪肉生产经济损失，而且某些动物疫病是人畜共患病，一旦传染到人类，将直接威胁人民的生命健康安全。

（2）猪肉养殖业总体上面临养殖技术落后、单产水平低的局面，影响中国猪肉单产水平的因素涉及良种、养殖方式、技术装备和管理模式。近年来，中国实行生猪良种补贴和标准化规模养殖等多项行业扶持政策，成效显著。目前，生猪养殖普遍缺乏替代人工的高效养殖设备，以及精细化科学管理模式。

（3）食品安全问题给生猪养殖业造成的负面影响。近年来爆发的瘦肉精事件为食品安全敲响了警钟，瘦肉精事件一方面因为中国少数企业社会责任感的缺失，忽视产品质量管理而造成的严重后果；另外一方面也反映出猪肉生产、收购、加工等链条上监管技术薄弱。不仅如此，兽药残留是生猪养殖业存在的另一个严重问题。猪肉中若含有抗生素，对长期食用者来说无疑等于长期服用小剂量的抗生素，易产生耐药性，一旦患病再用同种抗生素治疗很难奏效。因此，生猪养殖过程中质量自动监测和产品分级成为生猪养殖企业亟待解决的问题。针对这一现状，我们设计并开发了生猪健康养殖环境监测及预警系统，用以实时监测猪舍环境，并对不良环境进行预警，对防止疫情传播、增加猪场收益具有重要意义。

现阶段，国内常见的养殖平台往往从谱系跟踪、精细饲养、生产管理、兽药配置等方面进行研究开发，并未重视猪舍环境的监测。在此基础上，在系统开发中增加了"环境监测及预警系统"模块，旨在实时监测猪舍环境，并对不良环境信息进行预警，避免生猪受环境因素影响而诱发疾病。

从实用角度出发，该软件主要有以下几大功能模块。

（1）基础信息查询。

（2）养殖追溯。

（3）常用信息录入。

（4）猪舍环境信息实时监测及预警。

在该软件运行过程中，系统各类输入数据精度参见表 6-1。

表 6-1　系统各类输入数据精度

系统输入的数据类型	精度要求
单个字符	输入要求的字符
字符串	输入字符串最大为 32 位
数字	精确到小数点后两位
符号	可以是任何类型的字符

在软件的运行过程中，系统各类输出数据精度参见表 6-2。

表 6-2　系统各类输出数据精度

系统输出的数据类型	精度要求
单个字符	输出要求的字符
字符串	输出要求长度的字符串
数字	精确到小数点后两位
符号	可以是任意字符

软件在计算机上运行，关于系统现场各个参数值的采集与传送会影响其运行速度。现场的数据采集模块需要经过传感器采集数据，并通过无线网络传输，同时需

要 A/D 转换，过滤干扰数据，最后数据才能在计算机上显示。经测试，在软件运行的过程中，时间特性良好，延时时间很短，完全可以达到用户的应用需求。

在系统中综合考虑了不同品种、不同地域、不同生长阶段生猪养殖的信息差异，不同猪场用户只需在系统中设置自己猪场的地域信息及猪个体信息，便可实现准确预警，因而系统具有良好的适用性，一个系统可以在多个猪场使用。

6.1.1　硬件支持

计算机硬件条件如下。

- CPU：Intel core2 或以上
- 内存（RAM）：2GB 或以上
- 硬盘（Hard Disc）：120GB 或以上
- 显示器：19 寸 LCD 显示器
- CD-ROM：24X 光速或以上
- 接口：标准 USB 接口
- 网口：10/100 Base-T 以太网口
- 键盘、鼠标等

外围硬件条件为：

- 数据采集板 MDA300CA
- 数据采集板 MDA100CB
- IRIS 节点
- MIB600 网关

6.1.2　软件支持

该软件运行在计算机上，因此，需要一定的软件支持才能正常运行。

- Windows 7 操作系统
- SQL Server 2008 数据库
- JDK1.6 Java 开发包
- Tomcat7.0 服务器

6.1.3　使用说明

1. JDK 安装及配置

系统中使用 JDK1.6 版本，可从以下地址下载获得：http://java.sun.com/javase/downloads/index.jsp。

（1）双击安装文件，按照安装向导完成安装。

（2）接下来添加环境变量：我的电脑->属性->高级->环境变量，如图 6-1 所示。

（3）新建系统变量，变量名：JAVA_HOME，变量值：C:\Program Files\Java\jdk1.6.0 (JDK 的安装目录)。

（4）修改系统变量 Path，添加%JAVA_HOME%\bin。

此时，完成了 JDK 的安装及配置。

2. Tomcat 配置及项目部署

系统使用的是 Tomcat 7.0 版本，可从以下地址下载：http://tomcat.apache.org/

download-70.cgi。下载后将 Tomcat 解压到本地路径下。

（1）添加环境变量：我的电脑->属性->高级->环境变量，如图 6-1 所示。

（2）新建系统变量，变量名：CATALINA_HOME，变量值：C:\Program Files\apache-tomcat-7.0.20 (Tomcat 解压到的目录)。

（3）在系统变量 Path 后添加%CATALINA_HOME%\bin，如图 6-2 所示。

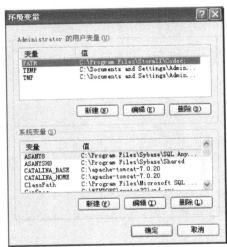

图 6-1　添加环境变量　　　　　　图 6-2　添加系统变量

（4）进入 Tomcat 目录下的 bin 目录，双击 startup.bat，启动 Tomcat，在命令行窗口会显示服务器启动，如图 6-3 所示。

（5）将项目文件拷贝到 Tomcat 目录下的 webapps 目录中。

（6）在浏览器中输入：http://localhost:8080，可以看到 Tomcat 的欢迎页面就说明配置成功了，如图 6-4 所示。

图 6-3　启动 Tomcat

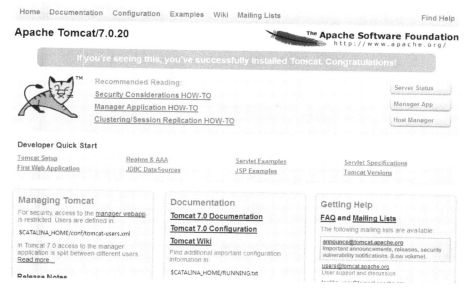

图 6-4　Tomcat 配置

（7）单击 Manager App，即可查看部署在服务器上的项目，如图 6-5 所示。

Tomcat Web Application Manager

Message:	OK

Manager

List Applications	HTML Manager Help	Manager Help	Server Status

Applications

Path	Version	Display Name	Running	Sessions	Commands
/	None specified	Welcome to Tomcat	true	0	Start Stop Reload Undeploy / Expire sessions with idle ≥ 30 minutes
/MyProject	None specified		true	0	Start Stop Reload Undeploy / Expire sessions with idle ≥ 30 minutes
/docs	None specified	Tomcat Documentation	true	0	Start Stop Reload Undeploy / Expire sessions with idle ≥ 30 minutes
					Start Stop Reload Undeploy

图 6-5 服务器上的工程信息

此时，完成了 Tomcat 的配置及项目部署。

3. 客户端使用说明

客户端的功能模块如图 6-6 所示。

（1）实时监测，用户选择猪舍所在地域（华北、华南、华中、西南可选），确定是否考虑地区差异因素，选择要监测的猪舍号及监测间隔，单击【开始】按钮即开始猪舍环境监测，监测初始化界面如图 6-7 所示。

（2）监测信息以用户设定的频率变化。主要显示环境预警信息、疾病预警信息、空气质量检测信息、各环境因子的设定值及实测值信息等。监测预警信息如图 6-8 所示。

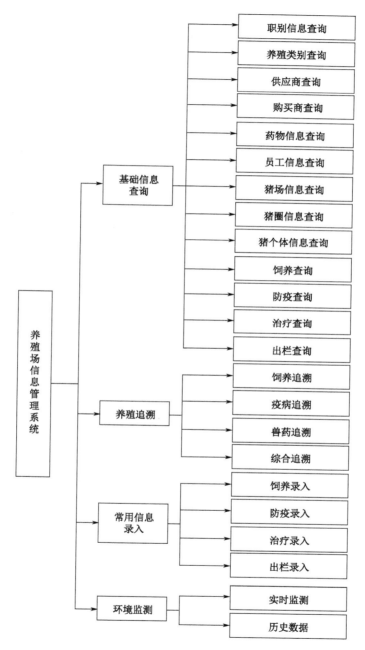

图 6-6　系统功能模块图

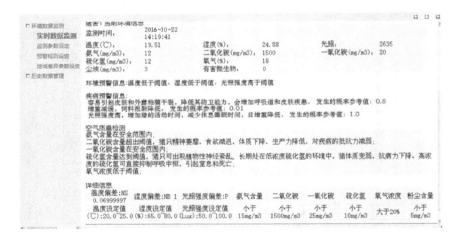

图 6-7　实时监测

图 6-8　监测预警信息

（3）查看所监测猪舍近十分钟内环境因子值的走向，如图 6-9 所示。

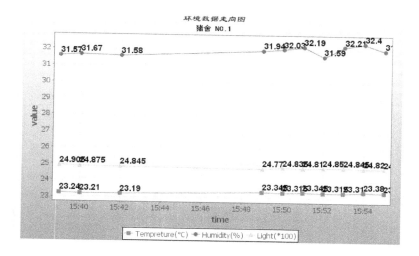

图 6-9　环境因子值走向图

（4）监测规则设定，设置不同品种、不同生长阶段生猪的适宜环境值，并可对监测规则进行增、删、改操作，如图 6-10 所示。

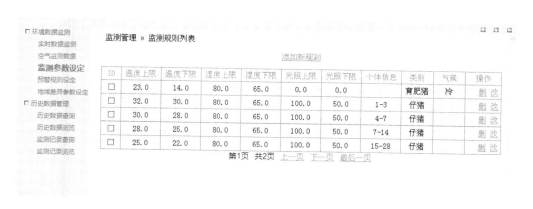

图 6-10　监测规则设定

（5）预警规则设定，设置生猪可能会发生的疾病，以及各致病因子对该种疾病的贡献值，贡献值应为大于等于 0，且小于等于 1 的小数。可对预警规则进行增、删、改操作，如图 6-11 所示。

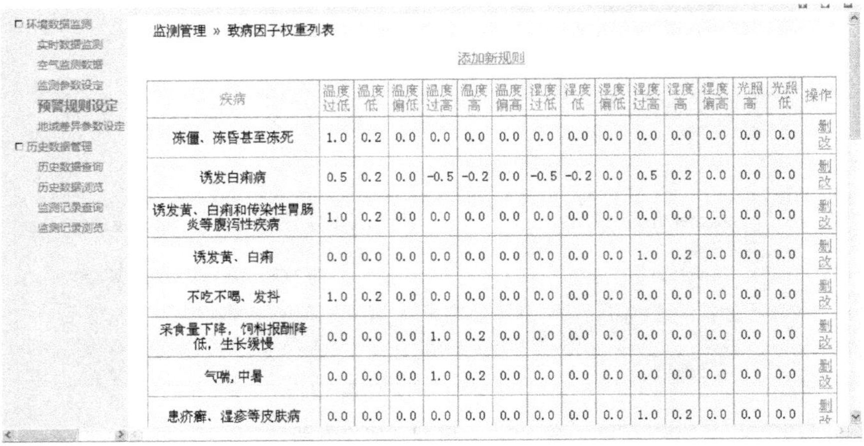

疾病	温度过低	温度低	温度偏低	温度过高	温度高	温度偏高	湿度过低	湿度低	湿度偏低	湿度过高	湿度高	湿度偏高	光照高	光照低	操作
冻僵、冻昏甚至冻死	1.0	0.2	0.0	0.0	0.0	0.0	0.0	0.0	0.0	0.0	0.0	0.0	0.0	0.0	删改
诱发白痢病	0.5	0.2	0.0	-0.5	-0.2	0.0	-0.5	-0.2	0.0	0.5	0.2	0.0	0.0	0.0	删改
诱发黄、白痢和传染性胃肠炎等腹泻性疾病	1.0	0.2	0.0	0.0	0.0	0.0	0.0	0.0	0.0	0.0	0.0	0.0	0.0	0.0	删改
诱发黄、白痢	0.0	0.0	0.0	0.0	0.0	0.0	0.0	0.0	0.0	1.0	0.0	0.0	0.0	0.0	删改
不吃不喝、发抖	1.0	0.2	0.0	0.0	0.0	0.0	0.0	0.0	0.0	0.0	0.0	0.0	0.0	0.0	删改
采食量下降，饲料报酬降低，生长缓慢	0.0	0.0	0.0	0.0	0.0	0.0	0.0	0.0	0.0	0.0	0.0	0.0	0.0	0.0	删改
气喘、中暑	0.0	0.0	0.0	1.0	0.0	0.0	0.0	0.0	0.0	0.0	0.0	0.0	0.0	0.0	删改
患疥癣、湿疹等皮肤病	0.0	0.0	0.0	0.0	0.0	0.0	0.0	0.0	0.0	1.0	0.2	0.0	0.0	0.0	删改

监测管理 » 致病因子权重列表　　添加新规则

图 6-11　预警规则设定

（6）历史数据查询，提供简单搜索和高级查询两种功能，用户输入查询条件即可获得满足查询条件的监测记录信息，如图 6-12 所示。

图 6-12　历史数据查询

（7）历史数据浏览，可查看各个监测节点采集的温度、湿度、光照强度信息，如图 6-13 所示。

监测时间	node_id	temperature(℃)	humidity(%)	light	voltage(mV)
2017-06-08 20:13:01.0	1	27.96	47.177956	0.0	2953.6604
2017-06-08 20:13:01.0	2	27.95	48.19591	0.0	2905.6892
2017-06-08 20:13:01.0	1	27.96	47.210915	0.0	2953.6604
2017-06-08 20:13:01.0	2	27.96	48.26272	0.0	2905.6892
2017-06-08 20:13:01.0	1	27.98	47.213337	0.0	2960.643
2017-06-08 20:13:01.0	2	27.98	48.33074	0.0	2905.6892
2017-06-08 20:13:01.0	1	27.99	47.24751	0.0	2953.6604
2017-06-08 20:13:01.0	2	27.99	48.296734	0.0	2905.6892
2017-06-08 20:13:01.0	1	27.99	47.24751	0.0	2953.6604
2017-06-08 20:13:01.0	2	27.98	48.29797	0.0	2905.6892
2017-06-08 20:13:01.0	1	27.99	47.21455	0.0	2953.6604
2017-06-08 20:13:01.0	2	27.97	48.23117	0.0	2905.6892
2017-06-08 20:13:01.0	1	27.98	47.213337	0.0	2960.643
2017-06-08 20:13:01.0	2	27.97	48.263954	0.0	2905.6892
2017-06-08 20:13:01.0	1	27.97	47.212128	0.0	2953.6604

第1页 共151页 上一页 下一页 最后一页

图 6-13　历史数据浏览

（8）传感器节点信息设置，系统管理员设定传感器采集板类型、所在猪舍等信息，主要用于辅助环境监测，如图 6-14 所示。

图 6-14　传感器节点信息设置

（9）猪个体信息设置，系统管理员设定猪舍编号、个体类型、出生日期等信息，使得预警信息更加准确，如图 6-15 所示。

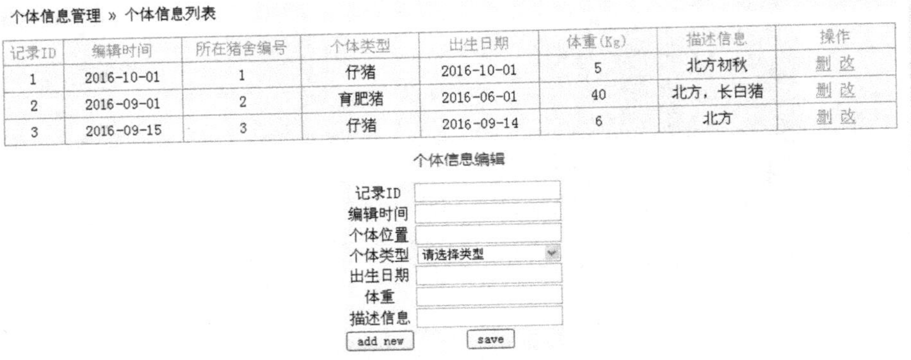
个体信息管理 » 个体信息列表
记录ID | 编辑时间 | 所在猪舍编号 | 个体类型 | 出生日期 | 体重(Kg) | 描述信息 | 操作
1 | 2016-10-01 | 1 | 仔猪 | 2016-10-01 | 5 | 北方初秋 | 删 改
2 | 2016-09-01 | 2 | 育肥猪 | 2016-06-01 | 40 | 北方，长白猪 | 删 改
3 | 2016-09-15 | 3 | 仔猪 | 2016-09-14 | 6 | 北方 | 删 改
个体信息编辑
记录ID
编辑时间
个体位置
个体类型
请选择类型
出生日期
体重
描述信息
add new
save

图 6-15　猪个体信息设置

（10）常用信息录入，主要包括饲养信息录入、疫苗防疫录入、疾病治疗录入、出栏信息等信息。其中，饲养信息录入界面如图 6-16 所示。

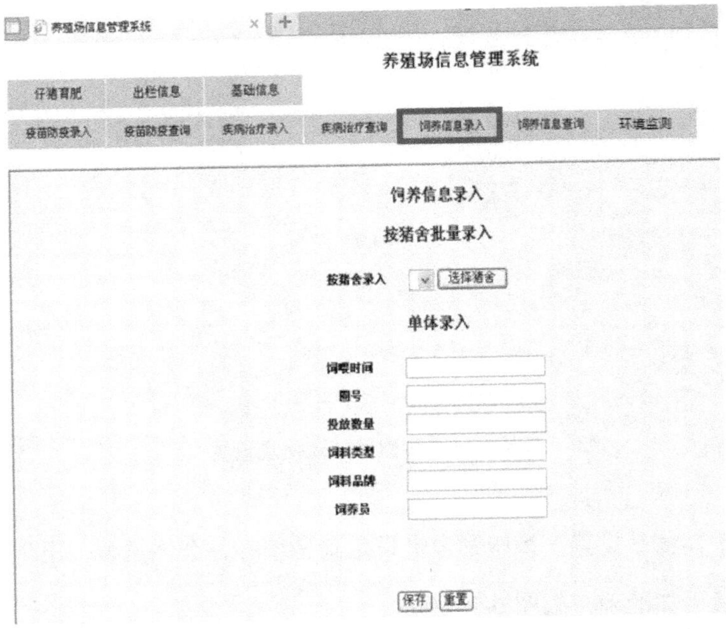
养殖场信息管理系统
养猪场信息管理系统
仔猪育肥
出栏信息
基础信息
疫苗防疫录入
疫苗防疫查询
疾病治疗录入
疾病治疗查询
饲养信息录入
饲养信息查询
环境监测
饲养信息录入
按猪舍批量录入
按猪舍录入
选择猪舍
单体录入
饲喂时间
圈号
投放数量
饲料类型
饲料品牌
饲养员
保存
重置

图 6-16　饲养信息录入

（11）基础信息查询：主要包括疫苗防疫查询、疾病治疗查询、饲养信息查询、出栏查询等信息，如图 6-17 所示。

图 6-17　基础信息查询

4. 数据采集端使用说明

数据采集端主要实现环境数据采集、预处理、保存。硬件准备就绪后，即可连接无线传感器网络，并采集数据，用户选择网关类型，输入网关 IP，选择波特率，单击【start】按钮，即可开始数据采集。传感器节点采集数据信息也会在界面中显示，如图 6-18 所示。

图 6-18　环境数据采集

6.2　屠宰信息管理系统

随着中国居民消费水平的提高，与大众饮食健康紧密相关的肉类食品的安全生产问题，近年来正受到越来越多的关注。使用信息化手段，建设可记录、可追溯的肉制品生产链以保证食品安全，是肉制品加工行业未来的发展方向。

屠宰场环节是猪肉加工的关键环节，这个环节具有来源复杂、加工流程繁琐、信息流向多变的特点。以往的解决手段是完全贴合生产过程的。"屠宰信息管理系统"就是在这个大背景下进行的，最终设计和开发了一个高可用性的追溯系统。

追溯信息采集主要包括购入来源和耳标对应关系的维护、屠宰线耳标号和猪背号对应关系的维护、猪背号和脚标号对应关系的维护。系统其他功能包括用户和权限的维护、客户基础信息和库存基础信息的维护。

　　在屠宰线运行过程中，系统本身有若干的同步操作，这就对于网络通信的实时性有一定要求。在厂家内部局域网环境下，网络运行引发的延时不影响系统的正常运行。

　　系统主要适用于具有工厂化的屠宰流水线，需要在两个关键工序处进行设备的部署。

6.2.1　硬件支持

系统运行所需的硬件环境如表 6-3 所示。

表 6-3　养殖场信息管理系统运行所需的硬件环境

名称	配置	数量	运行环境	备注
Web 服务器	4C16G-4GHz	1	Window Server 2012	
关键工序端 PC	无特殊要求	3		屠宰场原有 2 台
条形码扫描设备		3		
条形码生成设备		1		屠宰场原有 1 台

6.2.2　软件支持

屠宰关键工序端和服务器端需要有相应软件支持。

1. 关键工序端

操作系统：Windows 7（中文）

浏览器：IE 7 及以上版本

2. 服务器端

操作系统：Windows Server 2012（中文）

数据库：Mysql 5.6

Java 虚拟机：JRE 8

Web 服务器：Tomcat 9

6.2.3 使用说明

1. 系统部署

系统使用 B/S 结构，用户使用客户端登录服务器，直接在浏览器中完成指定操作即可，屠宰信息管理系统部署图如图 6-19 所示。

系统包括两部分：服务器端和客户端。服务器端主要包括 Web 服务器，以及追溯及管理信息数据库，所有追溯相关数据最终都会集中在数据库中。客户端需要在批量屠宰过程中的两个关键环节进行部署，以维护生猪耳标信息到出场脚标信息的转换。此外，客户端需要在业务科室部署，以录入购入生产计划等业务信息。

（1）服务器部署

对服务器部署位置无特殊要求。

服务器首先需要搭建 JRE 8 运行环境，具体配置过程见 Java 官方主页 http://www.java.com。

安装 Apache Tomcat 9，直接解压安装包，根据 Tomcat 使用手册中的介绍配置环境变量，启动，并将打包的 tzsystem1.war 拷贝到 Tomcat 安装目录中的 webapp 目录下。

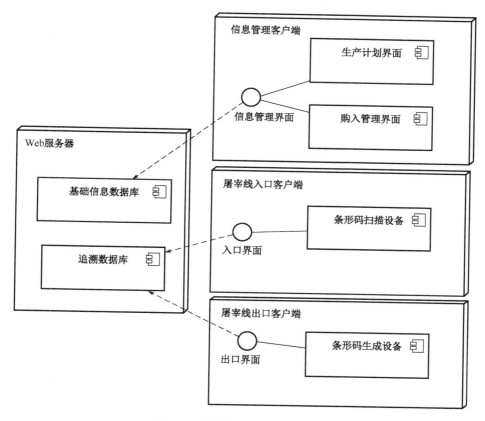

图 6-19　屠宰信息管理系统部署图

安装 Mysql 5.6 数据库。下载该版本的数据库之后，根据安装向导的提示进行安装，根据自己的需要设置数据库密码。修改 tzsystem1.war 程序包，找到\WEB-INF\classes\下的 jdbc.properties，根据数据库用户名、密码和安装情况，对配置文件进行修改。使用命令行命令 mysql -u username -p password 登录数据库，找到 tzsystem1.war 中的 sql 文件夹，使用 source 命令执行 sql 文件夹中的脚本，完成数据库部署。

（2）关键工序部署

屠宰场需要在三个位置部署客户端：屠宰线入口处、屠宰线出口处和业务员处。

其中，屠宰线入口的客户端负责使用条形码扫描设备扫描生猪耳标号，建立耳标号和猪背号的对应关系；屠宰线出口的客户端负责使用条形码生产设备，通过猪背号生成猪脚标条形码，建立猪背号和脚标号的对应关系。

不同的客户端部署位置对应了不同的登录账号和登录角色，登录账号的设置详见登录实例部分。客户端 PC 需要能够访问服务器的 Web 服务，客户端的软件环境无特殊要求，建议使用 IE 系列 7 以上版本。

2. 主要功能模块说明

（1）追溯信息采集模块

猪耳标和脚标分别是生猪进入屠宰场之前和之后的固定标识，在屠宰场的加工过程中，会对原有的生猪进行分割处理，所以追溯系统的信息采集主要集中在屠宰线入口和屠宰线出口两个关键环节上。在屠宰线入口处，工人会摘除生猪的耳标，并在猪背上记录一个猪背号用于标识生产数量，利用猪背号，在屠宰线出口生成脚标号，就可以形成耳标号和脚标号的对应关系，从而达到建立追溯数据库的效果。

（2）信息管理模块

信息管理模块主要包括对购入信息的管理、对检疫证明的管理和对生产计划的管理。

购入信息输入在对于每个购入批次进行统计时进行，操作员对每一批购入的生猪耳标进行扫描，并且对购入批次的其他信息进行录入。购入信息管理的主要目的是保证数据的一致性，之后的生产计划需要根据从每个批次中选出的生猪的数目来确定。

检疫证明是生猪来源厂商所开据的检疫合格证明和运输合格证明，需要随生猪买卖交易一同交付屠宰场，由屠宰场进行保管。在系统中，操作员需要将以上两个证明录入到系统中，并且提供指定批次检疫证明的查询。

生产计划的管理主要是从购入批次中选取一定数目的合格生猪，组成生产计划，确定屠宰时间，生产计划确定之后，可以根据情况进行调整。

3. 使用示例

（1）登录

基于不同的生产环节，最终将用户分为主管、采购员、检疫员、入口操作员、出口操作员 5 种不同的角色。对于这 5 种不同的角色，赋予对应的权限。

不同的角色在登录系统之后具有不同的权限，每个角色至少有一位员工才能保证系统的正常工作。各个角色对应的权限如表 6-4 所示。

表 6-4 各个角色对应的权限

	主管	采购员	检疫员	入口	出口
购入信息录入		有			
购入信息查询	有	有			
（购入信息修改）		有			
宰前检疫报告书录入			有		
宰前检疫报告书查询	有		有		
（宰前检疫报告修改）			有		
准宰通知单录入	有				
准宰通知单查询	有			有	有
待宰调整	有				
进屠宰线登记				有	
出屠宰线登记					有
屠宰线状态查询	有				

续表

	主管	采购员	检疫员	入口	出口
基础信息查询	有	有	有	有	有
基础信息录入和修改	有				
权限信息增、删、改、查	有				

（2）主页面

登录之后的主页面包括导航栏和登录状态栏。单击登录系统，会注销当前登录的用户，转换到未登录状态；单击用户名进行注销操作，并跳转到登录页面。主页面的导航栏主要内容如图 6-20 所示。

图 6-20 屠宰信息管理系统主页

购入信息管理主要完成对于屠宰场购入生猪的统计。包括购入信息的录入和查询。这部分的主要操作人员为采购员。

入场信息管理完成生猪的检疫和在屠宰进行之前临时养殖的管理。主要包括对于每个购入批次检疫报告书的录入和管理、生产计划的创建和调整。其中，检疫部分由检疫员完成，生产计划部分由主管完成。

屠宰线管理在操作上完成生猪耳标的去除和猪肉脚标的添加，在数据上完成一个对应，是屠宰信息追溯的关键环节。该部分主要包括屠宰线入口和屠宰线出口两部分，入口操作员进行屠宰线入口部分的耳标录入，出口操作员负责屠宰线出口部分的脚标录入。

基础信息维护主要维护用户信息，以及与购入和库存相关的客户信息。

（3）购入

购入信息部分属于购入管理员维护，购入管理员通过购入信息部分录入批次对应的经销商，以及该批次生猪的耳标号等信息，如图 6-21 所示。

图 6-21　购入信息录入

购入信息的录入需要用到条形码扫描，首先扫描每头生猪的耳标信息，将数据录入到购入列表中，之后填入相关的购入信息，提交之后保存到数据库，如图 6-22 所示。

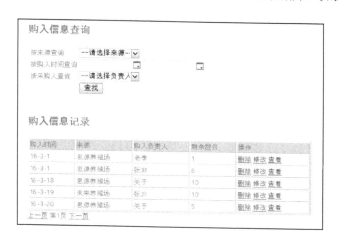

图 6-22　购入信息界面

购入信息查询会通过限定条件查找到相应购入信息，具有管理权限的用户可以直接对这些信息进行修改和删除。单击购入条目对应的"查看"可以看到购入批次购入生猪的具体信息，如图 6-23 所示。

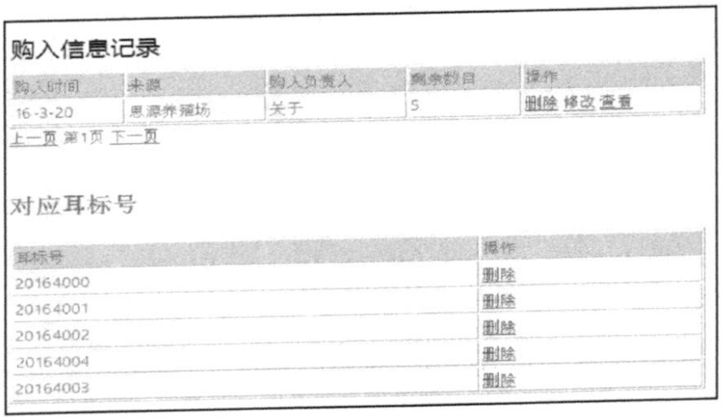

购入信息记录

购入时间	来源	购入负责人	删除数目	操作
16-3-20	思源养殖场	关子	5	删除 修改 查看

上一页 第1页 下一页

对应耳标号

耳标号	操作
20164000	删除
20164001	删除
20164002	删除
20164004	删除
20164003	删除

图 6-23　详细购入信息查询

（4）检疫证明管理

检疫员需要针对每批购入生猪填写相应的检疫证明，每次录入，系统会更新选定的购入批次的检疫证明号。录入成功后，通过检疫证明查询可以查看每批生猪对应的详细检疫信息，检疫证明录入界面之一如图 6-24 所示，检疫证明录入界面之二如图 6-25 所示。

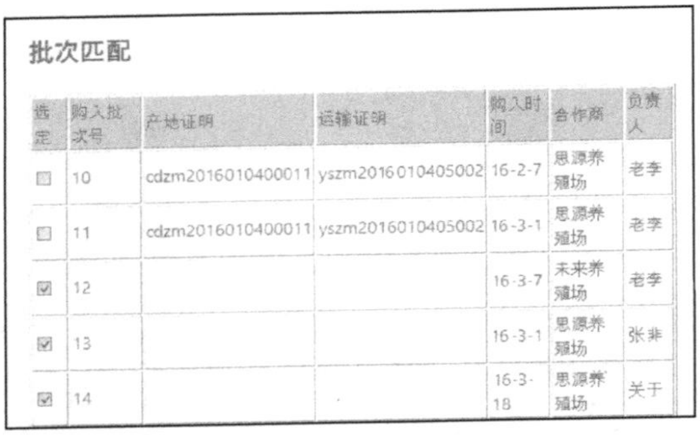

批次匹配

选定	购入批次号	产地证明	运输证明	购入时间	合作商	负责人
☐	10	cdzm2016010400011	yszm2016010405002	16-2-7	思源养殖场	老李
☐	11	cdzm2016010400011	yszm2016010405002	16-3-1	思源养殖场	老李
☑	12			16-3-7	未来养殖场	老李
☑	13			16-3-1	思源养殖场	张非
☑	14			16-3-18	思源养殖场	关于

图 6-24　检疫证明录入界面之一

产地证明报告书录入　　　运输证明报告书录入

产地证明号 cdzm20173184111	运输证明号　yszm20172185012
畜主　**黄改**	货主　**周裕**
动物种类　**生猪**	承运单位　**迅捷物流集团**
产地　**烟台**	运载方式　**货车**
计量单位　**斤**	运载工具号码　京P123456
数量　10	起运地点　**烟台**
用途　**屠宰**	到达地点　**北京**
免疫证号　201701085678	消毒方式　**固体消毒**
有效期　**1周**	消毒剂　**生石灰**
检疫员　**章兆**	检疫员　**路速**
检疫单位　**烟台市牟平区畜牧局**	检疫单位　**烟台市牟平区畜牧局**
开证时间　2017-03-18-12·	开证时间　2017-03-18-12·

提交

图 6-25　检疫证明录入界面之二

通过检疫结果查询可以查询到购入批次对应的检疫证明号和检疫证明的详细信息，同时可以删除指定条目对应的证明，检疫证明录入界面之三如图 6-26 所示。

点击链接查看详细内容

购入批次号	产地证明	运输证明	购入时间	合作商	负责人
10	cdzm2012010400011 删除	yszm2012010405002 删除	17-2-7	思源养殖场	老李
11	cdzm2012010400011 删除	yszm2012010405002 删除	17-3-1	思源养殖场	老李
12	cdzm20123184111 删除	yszm20122185012 删除	17-3-7	未来养殖场	老李
13	cdzm20123184111 删除	yszm20122185012 删除	17-3-1	思源养殖场	张非

图 6-26　检疫证明录入界面之三

（5）准宰单下达

准宰信息录入界面如图 6-27 所示。

生猪在进行屠宰之前会划分成不同的批次进行屠宰，主管人员针对购入批次抽取若干生猪，组成屠宰批次，放到未完成的屠宰队列中。准宰信息查询界面如图 6-28 所示。

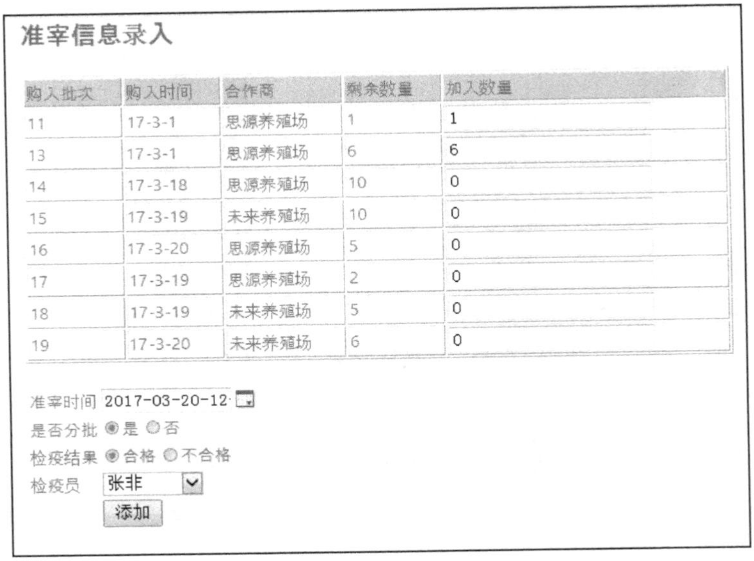

准宰信息录入

购入批次	购入时间	合作商	剩余数量	加入数量
11	17-3-1	思源养殖场	1	1
13	17-3-1	思源养殖场	6	6
14	17-3-18	思源养殖场	10	0
15	17-3-19	未来养殖场	10	0
16	17-3-20	思源养殖场	5	0
17	17-3-19	思源养殖场	2	0
18	17-3-19	未来养殖场	5	0
19	17-3-20	未来养殖场	6	0

准宰时间 2017-03-20-12

是否分批 ◉是 ◎否

检疫结果 ◉合格 ◎不合格

检疫员 张非 ▾

[添加]

图 6-27　准宰信息录入界面

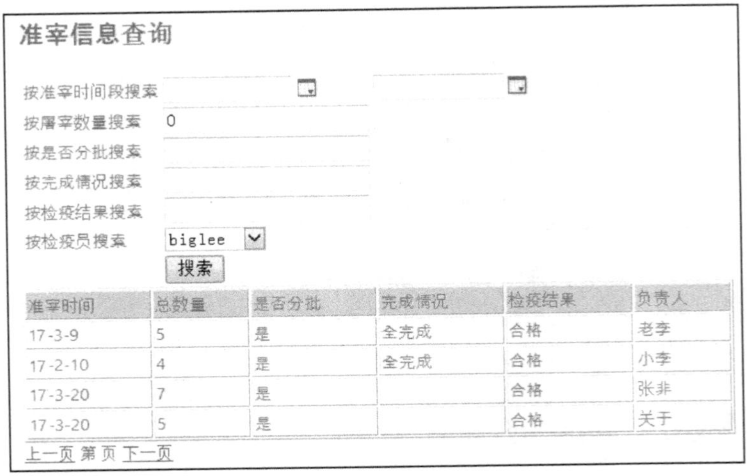

准宰信息查询

按准宰时间段搜索

按屠宰数量搜索　0

按是否分批搜索

按完成情况搜索

按检疫结果搜索

按检疫员搜索　biglee ▾

[搜索]

准宰时间	总数量	是否分批	完成情况	检疫结果	负责人
17-3-9	5	是	全完成	合格	老李
17-2-10	4	是	全完成	合格	小李
17-3-20	7	是		合格	张非
17-3-20	5	是		合格	关于

上一页 第 页 下一页

图 6-28　准宰信息查询界面

准宰单确定之后，屠宰顺序仍可以通过单击"待宰调整"选项中上移或下移链接进行调整。所有的屠宰计划在这里都会有显示。单击"删除"可以取消还未开始的屠宰批次，或者删除历史记录，如图 6-29 所示。

待宰调整

顺序	准宰时间	总数	是否分批	检疫结果	完成状态	负责人	操作
1	17-2-10	7	是	合格		张非	上移 下移 删除
2	17-3-9	5	是	合格		关于	上移 下移 删除
3	17-3-20	4	是	合格	全完成	小李	上移 下移 删除
4	17-3-20	5	是	合格	全完成	老李	上移 下移 删除

图 6-29　待宰调整

（6）屠宰线操作

猪背信息录入界面如图 6-30 所示。

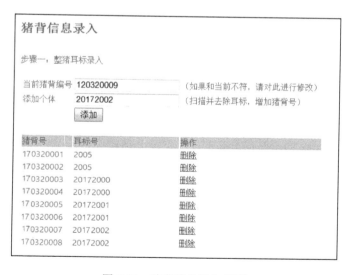

猪背信息录入

步骤一：整猪耳标录入

当前猪背编号　120320009　　　（如果和当前不符，请对此进行修改）
添加个体　　　20172002　　　　（扫描并去除耳标，增加猪背号）
[添加]

猪背号	耳标号	操作
170320001	2005	删除
170320002	2005	删除
170320003	20172000	删除
170320004	20172000	删除
170320005	20172001	删除
170320006	20172001	删除
170320007	20172002	删除
170320008	20172002	删除

图 6-30　猪背信息录入界面

屠宰线入口处操作员使用条形码扫描设备，读取条形码数据，同时页面的焦点会一直处于"添加个体"的录入框内。对于同一批次,操作员不需要任何键盘操作,点击【完成当前批次】完成操作,生猪耳标和猪背号的对应关系将存入数据库,如图 6-31 所示。

图 6-31 屠宰批次信息录入

在屠宰线出口处,页面焦点锁定在"添加脚标"输入框,"当前猪背号"输入框在每次输入时默认加一,这是为了符合猪背号的出现顺序。但是如果有检疫不合格的猪背被移出流水线,导致猪背号顺序混乱,就需要手动点击加或减符号对当前猪背号进行调整。这一步骤包含了猪肉分级操作,如图 6-32 所示。

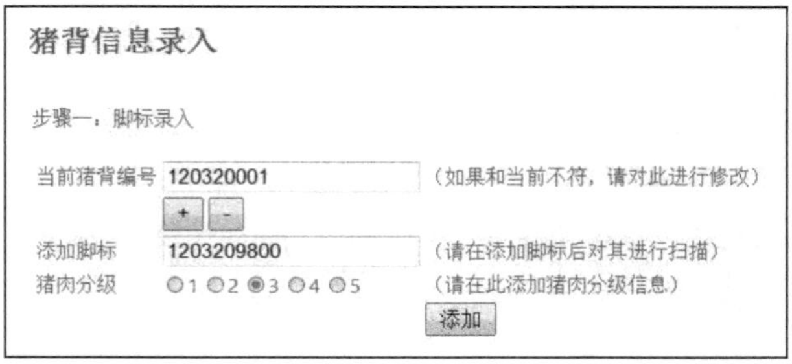

图 6-32 屠宰线出口操作示意图一

录入完成之后,填写负责人等相应信息后进行提交,则会判定屠宰线出口工序完成,如图 6-33 所示。

图 6-33 屠宰线出口操作示意图二

完成屠宰过程之后，在屠宰线管理中的"屠宰线状态查询"选项中，可以看到每个屠宰批次的进行状态。通过准宰信息查询可以看到之前录入的结果。准宰信息分为两个状态：如果某批次已经通过屠宰线，则会标记为"全完成"，正在进行屠宰则会标记为"完成"，如图 6-34 所示。

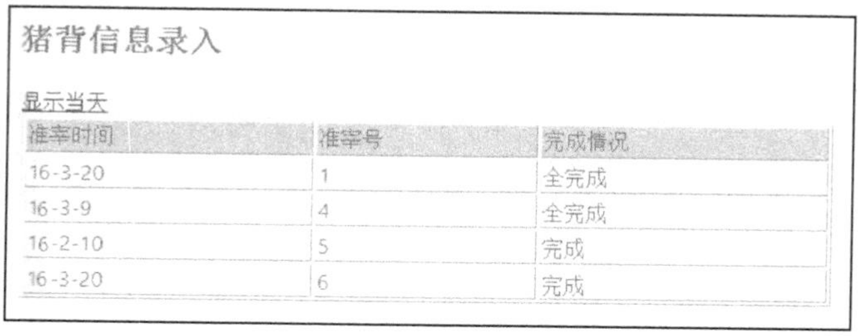

图 6-34 屠宰线状态查询

（7）基础信息维护

基础信息维护部分主要包括客户供应商信息维护和用户信息维护两部分。其中，客户供应商信息保存了生猪的来源和去向信息，用户信息主要包括用户的权限管理、用户的增删改查等基本操作，如图 6-35 所示。

用户名	姓名	角色	性别	职务	出生日期	联系电话	操作
lee	老李	主管	男	追溯员	89-10-26	13511014508	删除 修改
simon	还是老李	主管	男		70-1-1	13214202316	删除 修改
brucelee	小李	采购员	男		40-11-27	1111117474741	删除 修改
coldcoder	谁知道	主管	男	检疫科科员	11-11-30	13254768709	删除 修改
biglee	biglee	root	男				删除 修改
newman	新人	屠宰线出口操作员					删除 修改
sven	张非	主管	男	业务主管	88-3-3	1357924680	删除 修改
gy	关于	主管	男	屠宰线主管	88-7-20	1861861886	删除 修改

图 6-35　基础信息维护界面

（8）追溯

在搭建追溯数据库之后，通过脚标数据，可以获得生猪在屠宰场进行加工的相关信息，屠宰过程追溯如图 6-36 所示。

图 6-36　屠宰过程追溯

6.3 追溯查询信息系统

客户端的系统功能模块图如图 6-37 所示。

图 6-37 客户端的系统功能模块图

（1）养殖信息查询

在生猪养殖基地建立养殖管理子系统，覆盖出生、喂养、防疫、消毒、治疗等关键环节，以移动或固定式的追溯信息读写机具作为信息采集录入设备，将采集到的信息录入到养殖管理子系统中，作为生猪追溯的源头控制点和关键信息采集点。饲养环节重点采集生猪的出生日期、喂养过程及饲料信息、防疫情况、消毒情况、生病及治疗情况、出栏日期及各环节的责任人等相关信息，记录到养殖管理子系统中。主要涉及的硬件设备包括：服务器、电脑、无线网络设备、RFID 电子标签、电子耳标、RFID 读写器、物联网终端机、手持移动终端、票据打印机、传感器、自动控制设备等。单击图 6-37 中的养殖信息查询，跳转到如图 6-38 所示的界面。

图 6-38　养殖信息查询

（2）屠宰信息查询

在生猪屠宰场建立屠宰管理子系统，覆盖生猪进厂、屠宰、检疫、检验、肉品出厂等关键环节，以移动式或固定式追溯信息读写机具为信息录入设备，将采集到的信息录入屠宰管理子系统中，作为生猪追溯的关键环节信息采集点，上接养殖信息，下连销售信息。屠宰环节重点采集送屠、进场、宰前检疫、屠宰、宰后检验、检斤验级、分割、出场登记、销售配送等相关信息，记录到追溯管理系统中。主要涉及的硬件设备包括：服务器、计算机、无线网络设备、RFID 电子标签、电子耳标、RFID 读写器、手持移动终端、激光条形码及二维码灼刻设备、激光猪胴体灼刻设备、屠宰生产线 RFID 系统等。单击图 6-37 中的屠宰信息查询，跳转到如图 6-39 所示的屠宰信息查询界面。

图 6-39　屠宰信息查询

（3）运输信息查询

查询该猪肉产品流通过程中的运输信息、经过线路、冷藏车的温度和状态，单击图 6-37 中的运输信息查询，跳转到如图 6-40 所示的界面。

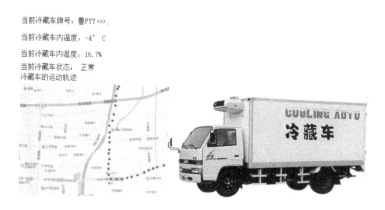

当前冷藏车牌号：鲁FYYxxx；
当前冷藏车内温度：-4°C
当前冷藏车内湿度：16.7%
当前冷藏车状态：正常
冷藏车的运动轨迹

图 6-40　运输信息查询

（4）销售信息查询

在销售总部和直营店之间建立销售配送子系统，覆盖销售订单、配送、直营店进场、电子结算等关键环节，以智能溯源秤或标签电子秤为信息对称控制手段，将采集到的信息录入到销售配送子系统中，作为生猪追溯的出口环节信息采集点，销售环节主要为消费者提供消费查询服务，在直营店、超市、农贸市场设立触摸屏查询终端，消费者可通过触摸屏查询终端查询到产品对应的追溯信息。主要涉及的硬件设备包括：服务器、计算机、电子耳标、RFID 读写器、手持移动终端、智能溯源秤、触摸屏查询终端等。消费者在购买到有追溯码的产品时，可以通过查询网站、触摸屏查询终端机、手机应用软件、二维码等方式，对产品的追溯信息进行查询，从而了解所购产品的来源情况。通过购买有追溯码的产品，消费者降低了买到假货的风险。单击图 6-37 中的销售信息查询，跳转到如图 6-41 所示的界面。

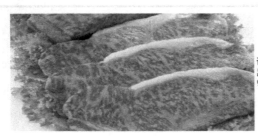

该精品雪花肉由 ✱✱✱家家悦超市✱✱✱区第2分店售出，售出时间为2017年6月12日，重2.4Kg，售价93.6元。

图 6-41　销售信息查询

6.4　本章小结

大数据自 2008 年提出以来，一直都备受各行各业人士的关注，并随着互联网技术的普及、传感器技术的发展、通信技术的进步，数据呈爆炸性增长。大数据主要有数据流和静态数据两种形式，各种传感器测得的数据流是农业大数据的主要来源。对智慧农业、精准农业中采集到的源源不断的数据流，根据其数据特征和需求，抽象出相应的应用计算模型已成为近年来的研究热点。本书在对国内外数据流研究的基础上，对智慧农业中传感器采集到的数据流展开了进一步的研究。

1）提出了一种基于高斯混合模型的数据流聚类方法

针对现有数据流的聚类研究大多是基于离散型随机变量模型开展的，目前连续型随机变量模型的研究相对较少，已有研究需要存储较多的数据点才能刻画出分布特征，使用高斯混合模型作为不确定数据的基本表示形式，仅需要保存不同组件的描述信息，才可以完成对真实情况的逼近，使得存储的数据更接近于现实世界中真实的数据流分布，更好地利用存储空间。采用时间属性化的处理方法，将时间直接作为数据的一个属性，提出了一种可以发现时间维度上的不确定数据流聚类算法 Cumicro，该算法可直接查询某个时间维度的聚簇，避免了较难发现非球状聚簇的问题。通过与经典的 UMicro 算法进行比较，用猪舍实测数据流进行验证，采用外部评价法来验证 Cumicro 算法的性能，并给出了相应的分析。实验结果表明，原始数据较密集时，与原有基于离散模型的聚类相比，该算法具有存储空间小、聚类准确的优势。

2）提出了一种基于不确定数据的数据流追溯方法

大型科研实验中，由各个环节产生各种数据流，经过中间环节，数据流出现了混合和重组处理，对于实验中间过程中产生的数据流的混合和重组等关键信息，现有的追溯系统的信息粒度只是停留在粗粒度的层面上，追溯精度低，导致确定问题源头的能力较差，不适用于在数据流背景下快速进行动态追溯。将不确定数据引入到追溯系统中搭建追溯模型，提出了一个基于不确定数据的数据流追溯查询方法，解决了数据流追溯中无法对可追溯单元一一标识的混合过程进行表示的问题。引入节点错误率的概念，给出了单节点出错的追溯算法，实现了节点的查询与评价，并对多异常节点的推断问题进行了讨论，给出了一个初步的求解方法。该方法实现了对数据流的中间数据集成的量化分析，有利于对数据流的产生，并随时间推移而演化的整个过程进行评价。

3）提出基于灰色模型的数据流预测方法

针对在数据流的分析阶段，数据流实时处理的要求使系统不能进行开销巨大的磁盘存取，很多情形下，人们为满足数据流实时性的要求，只需获得近似结果即可，这就导致了预测的结果并不总是尽如人意。此外，数据流的变化过程随时间的变化呈现出非单调的特征，数据分布规律未知，因此，很多数据流预测模型以牺牲准确性来换取实时性。猪舍养殖环境的实时监测和预警中已有的采用瞬时值预警的方式，会由于瞬时的噪声值而导致一系列误操作，引入了时间粒度概念，在算法中设计了粗粒度预测和细粒度预测两种自适应调整预测方式。

考虑了大数据背景下时间序列数据流的变化过程随时间的变化呈现出非单调、甚至有摆动的特征，建立一种基于灰色预测模型的预测方法。

通过实验得出随着滑动窗口更新周期增大，预测成功率降低；随着采样频率增大，预测成功率降低；随着未来数据窗口宽度的增加，预测的平均相对误差增大，并对基于一阶、二阶灰色模型的预测方法进行了比较，试验结果与相关文献结论相吻合，即灰色二阶预测模型，既能反映出系统周期性变化的规律，又能反映出系统的趋势变化特征，在振荡或非单调变化的动态过程中，GM(2,1)预测的精确度优于GM(1,1)模型，GM(2,1)模型对近期的数据预测比较准确，满足了系统的需求。

4）设计了一个面向养殖环境的猪舍数据流采集与控制系统

针对已有研究多是以事件为中心，对传统的、静态的、精确的数据建模，局限于时间域内的分析，对数据流背景下的数据流采集建模研究较少的问题，提出了在大数据背景下切换到数据视角，以数据为中心来开展业务研究，设计了一个面向生猪养殖环境数据流信息的采集与自动控制模型。该模型考虑了计算过程和物理过程通过网络实时交互对系统行为所带来的影响，对于系统的组成部分整体进行建模，分别给出了物理世界的数据建模、传感器的数据建模、无线网络的数据建模、计算（控制）单元的数据建模、执行器的数据建模等形式化描述，把计算世界与物理世界的异构信息进行交互融合，将时间和空间的事件信息都以数据驱动为中心明确地抽象到编程模型中。这种在数据流背景下进行形式化描述及一体化建模，有利于设计人员更好地分析网络化计算过程在与物理过程融合、与物理环境交互中的动态行为，对于加深系统的理解和应用具有重要的意义。

6.5　创新点

（1）利用了高斯混合模型的线性特征，将高斯混合模型引入到不确定数据流聚类中，仅需存储相关的组件信息即可，节省了数据的存储空间，使得存储的数据更接近于现实世界中真实的数据流分布。

（2）在经典的 UMicro 聚类算法上进行改进，将时间进行属性化处理，从而解决了基于密度的聚类等算法无法查询任意时间范围的聚类问题。

（3）将不确定数据的推理能力引入到数据流的追溯模型中，描述数据流追溯中的拆分和组合过程，提出了一种基于不确定数据的数据流追溯查询方法，对数据流的中间过程的动态演化给出了一种理论上的量化方法，解决了数据流追溯中缺乏定量评价模型的问题。

6.6　展望

本书研究了数据流的计算模式，虽然取得了一定的阶段性成果，但由于研究时间、自身能力等限制，还有诸多方面有待深入研究。

（1）本书基于高斯混合模型的聚类算法，假设时间作为随机变量与其他随机变量独立。这一假设是与应用相关的，在不同场景下结论不同，本书只是给出了理论上的解释，未给出量化的表示。

（2）对数据流追溯模型中多异常节点的推断问题进行了讨论，给出了一个初步的求解方法，但由于问题本身属于非线性规划，故还需要对其进行进一步研究。

参 考 文 献

[1] 曹振丽，孙瑞志，李劲．一种基于高斯混合模型的不确定数据流聚类方法
    [J]．计算机研究与发展，2014，51(S2)：102-109

[2] Thonhauser G.Automatic Threshold Tracking of Sensors Data Using Expectation
    Maximization Algorithm[C]．International Conference on Hybrid Intelligent
    Systems. IEEE, 2012

[3] Beecks, Ivanescu, Kirchhoff, et al. Modeling image similarity by Gaussian
    mixture models and the Signature Quadratic Form Distance[J].2011，24(4)：
    1754~1761

[4] 程学旗，靳小龙，王元卓等．大数据系统和分析技术综述[J]．软件学报，2014，
    25（9）：1889~1908

[5] 孙大为，张广艳，郑纬民．大数据流式计算：关键技术及系统实例[J]．软
    件学报，2014，25(4)：839~862

[6] 高明，金澈清，王晓玲等．数据世系管理技术研究综述[J]．计算机学报，2010，
    33（3）：373~389

[7] 李建中，于戈，周傲英.不确定性数据管理的要求与挑战[J]．中国计算机学会通讯，2009，5（4）：6~14

[8] 钱建平，刘学馨，杨信廷等．可追溯系统的追溯粒度评价指标体系构建[J]．农业工程学报，2014，30（1）：98~104

[9] 曹振丽，孙瑞志，李勐．面向不确定数据的农产品追溯方法[J]．农业机械学报．2013，44（7）：154~159

[10] 陈燕．数据挖掘技术与应用[M]．北京：清华大学出版社，2011，40~45

[11] 刘思峰等．灰色系统理论及其应用[M]．北京：科学出版社，2008．12~20

[12] 曹振丽．面向猪舍环境的数据流预测方法[J]．江苏农业科学，2017，45（9）：198~201

[13] 陶鑫，文鸿雁，何美琳．灰色二阶预测模型在变形监测中的应用[J]．测绘科学，2014，39（6）：135~137

[14] 杨刚，杜承烈，王宇英等．CPS 行为建模及其仿真验证[J]．中国计算机学会通讯，2013，9（7）：16~23

[15] 曹振丽．一种面向猪舍的信息物理融合系统模型[J]．江苏农业科学．2017，45（5）：193-195

[16] 曹振丽，胡西厚，雷国华等．基于物联网与云计算的猪肉安全追溯平台的设计与实现[J]．农业网络信息，2016（10）：65~68

读者调查表

尊敬的读者：

    自电子工业出版社工业技术分社开展读者调查活动以来，收到来自全国各地众多读者的积极反馈，他们除了褒奖我们所出版图书的优点外，也很客观地指出需要改进的地方。读者对我们工作的支持与关爱，将促进我们为您提供更优秀的图书。您可以填写下表寄给我们（北京市丰台区金家村 288#华信大厦电子工业出版社工业技术分社　邮编：100036），也可以给我们电话，反馈您的建议。我们将从中评出热心读者若干名，赠送我们出版的图书。谢谢您对我们工作的支持！

姓名：＿＿＿＿＿＿　　　　　　　性别：□男　□女

年龄：＿＿＿＿＿＿　　　　　　　职业：＿＿＿＿＿＿

电话（手机）：＿＿＿＿＿＿＿　　E-mail：＿＿＿＿＿＿＿＿＿＿

传真：＿＿＿＿＿＿＿＿＿＿　　　通信地址：＿＿＿＿＿＿＿＿＿

邮编：＿＿＿＿＿＿＿＿

1．影响您购买同类图书因素（可多选）：

□封面封底　　　□价格　　　　　□内容提要、前言和目录

□书评广告　　　□出版社名声

□作者名声　　　□正文内容　　　□其他＿＿＿＿＿＿＿＿＿＿＿＿＿

2．您对本图书的满意度：

从技术角度　　　　　□很满意　　　□比较满意

　　　　　　　　　　□一般　　　　□较不满意　　　□不满意

从文字角度　　　　　□很满意　　　□比较满意　　　□一般

　　　　　　　　　　□较不满意　　□不满意

从排版、封面设计角度　□很满意　　　□比较满意

　　　　　　　　　　□一般　　　　□较不满意　　　□不满意

3．您选购了我们哪些图书？主要用途？

4. 您最喜欢我们出版的哪本图书？请说明理由。

_____

5. 目前教学您使用的是哪本教材？（请说明书名、作者、出版年、定价、出版社），有何优缺点？

_____

6. 您的相关专业领域中所涉及的新专业、新技术包括：

_____

7. 您感兴趣或希望增加的图书选题有：

_____

8. 您所教课程主要参考书？请说明书名、作者、出版年、定价、出版社。

_____

邮寄地址：北京市丰台区金家村 288#华信大厦电子工业出版社工业技术分社　邮编：100036
电　　话：010-88254479　E-mail：lzhmails@phei.com.cn　　微信 ID：lzhairs
联 系 人：刘志红

电子工业出版社编著书籍推荐表

姓名		性别		出生 年月		职称 /职务	
单位							
专业				E-mail			
通信地址							
联系电话				研究方向及 教学科目			

个人简历（毕业院校、专业、从事过的以及正在从事的项目、发表过的论文）

您近期的写作计划：

您推荐的国外原版图书：

您认为目前市场上最缺乏的图书及类型：

邮寄地址：北京市丰台区金家村 288#华信大厦电子工业出版社工业技术分社 邮编：100036
电 话：010-88254479 E-mail：lzhmails@phei.com.cn 微信 ID：lzhairs
联 系 人：刘志红

反侵权盗版声明

    电子工业出版社依法对本作品享有专有出版权。任何未经权利人书面许可，复制、销售或通过信息网络传播本作品的行为；歪曲、篡改、剽窃本作品的行为，均违反《中华人民共和国著作权法》，其行为人应承担相应的民事责任和行政责任，构成犯罪的，将被依法追究刑事责任。

    为了维护市场秩序，保护权利人的合法权益，我社将依法查处和打击侵权盗版的单位和个人。欢迎社会各界人士积极举报侵权盗版行为，本社将奖励举报有功人员，并保证举报人的信息不被泄露。

举报电话：（010）88254396；（010）88258888

传　　真：（010）88254397

E-mail：　dbqq@phei.com.cn

通信地址：北京市万寿路 173 信箱

          电子工业出版社总编办公室

邮　　编：100036